U0385761

幸福的
家居术

Happy *by* Design

幸福的家居术

Happy by Design

如何设计一个

快乐又健康的家

（英）维多利亚·哈里森 著

张晨 译

辽宁科学技术出版社
·沈阳·

献给我的父母——创造幸福家庭的艺术大师

目录

快乐之家计划 ⋯⋯⋯⋯⋯⋯⋯⋯⋯⋯⋯⋯⋯⋯⋯⋯⋯⋯ 6

1. 如何制造专享的新鲜空气 ⋯⋯⋯⋯⋯⋯⋯⋯⋯⋯⋯⋯ 8

2. 如何用最幸福的颜色装点你的家 ⋯⋯⋯⋯⋯⋯⋯⋯ 22

3. 整理出的幸福 ⋯⋯⋯⋯⋯⋯⋯⋯⋯⋯⋯⋯ 36

4. 解锁一夜安眠的秘诀 ⋯⋯⋯⋯⋯⋯⋯⋯⋯⋯ 48

5. 发现最幸福的香气 ⋯⋯⋯⋯⋯⋯⋯⋯⋯⋯ 62

6. 通过花儿改善情绪 ⋯⋯⋯⋯⋯⋯⋯⋯⋯⋯ 76

7. 照亮美好生活 ⋯⋯⋯⋯⋯⋯⋯⋯⋯⋯ 92

8. 如何营造舒适的休憩环境 ⋯⋯⋯⋯⋯⋯⋯⋯ 106

9. 祝他人幸福 ⋯⋯⋯⋯⋯⋯⋯⋯⋯⋯ 118

10. 在花园里发掘快乐 ⋯⋯⋯⋯⋯⋯⋯⋯⋯ 132

11. 如何比你的智能手机更聪明 ⋯⋯⋯⋯⋯⋯⋯⋯ 148

参考书目和延伸阅读 ⋯⋯⋯⋯⋯⋯⋯⋯ 157

鸣谢 ⋯⋯⋯⋯⋯⋯⋯⋯⋯⋯⋯⋯⋯⋯⋯ 158

快乐之家计划

"所以我以此为起点，试着回答一个简单的问题：我们的家能让我们更快乐吗？"

每个人都想获得幸福，但有时我们在错误的地方寻找幸福。财富、权力和声望可能会带给我们短期的信心提升，但往往是生活中简单的快乐能带来最大程度的平静和幸福。

在洒满阳光的夏日里吃一顿轻松的露天午餐，听着炉火里的劈柴发出欢快的噼啪声，或者在星期天早晨慵懒地躺在最喜欢的扶手椅里享受一段宁静、平和的时光；这一个个发生在家中的美好时刻很容易被忽视，但是为了提高幸福感，我们也许应该更多地关注这些令人幸福的细节。

伴随着不断增加的压力、焦虑和倦怠，我想知道我们能否通过对生活空间的设计积极改善我们的健康水平和幸福程度？是否有对所有人都适用的、通往幸福的捷径？所以我以此为起点，试着回答一个简单的问题：我们的家能让我们更快乐吗？

我的幸福科学之旅带我来到了许多迷人的地方，从美国宇航局的研究实验室到日本的森林。随着工作的推进，我开始建立"幸福之家计划"，目的是帮助所有人打造出治愈、平静和怡人的生活空间。最终的成书《幸福的家居术》是一本建议与灵感之书，能够帮助你过上最快乐的生活。你可以跟着本书的脚步，全程跟进幸福和健康计划，也可以在你需要来一点幸福的提示时打开它寻找灵感。

我会向你展示如何打造一个让人快乐又振奋的家，通过改变我们对生活空间的看法，从关注它们的样子到关注它们给我们带来的感受。从清晨到傍晚，甚至在你睡着的时候，它都会悉心照顾你。祝你读得愉快！

维多利亚

1

如何制造
专享的新鲜空气

你家里有多少植物?也许你的客厅里有一盆多肉植物,也许你的浴室里有一株白掌,也许窗台上有蕨类植物在慢慢枯萎。但你真的想过这些不起眼的室内植物会给你的健康和幸福带来影响吗?

如果答案是否定的,那么是时候重新思考这件事(且给植物们多一点关爱)了,因为选择正确的植物可能是提升家居健康和幸福水平最有效果的事情之一。好消息是如果你的浴室里有白掌,你已经迈出了成功的第一步。

来点高科技

如果你不确定为什么家里应该摆放植物，只是总觉得在你身边放一些植物是"一件好事"，很高兴地告诉你这样做完全正确。这其实是十分聪明的做法，因为当我开始钻研室内植物的世界的时候，研究引导我来到了一个相当令人惊讶的地方：NASA（美国国家航空航天局）。

其实近年来，人们对室内植物的思考堪比对航天科技的重视度。从20世纪80年代开始，由比尔·沃尔弗顿博士领导的美国宇航局科学家小组进行了一项"清洁空气研究"，探索新观察到的"楼宇病态综合征"现象（SBS）的应对方法。当建筑物密封过好时，这种情况就有可能发生，地毯、家具甚至清洁用品释放的污染物可能会在室内累积起来。可以把这想象成身在太空火箭里，却没有呼吸器的情况。

来点绿色的禅意

"楼宇病态综合征"可能引起一些令人很不愉快的症状，如头痛、头晕、恶心、眼睛、耳朵和鼻子不适，而且，如果你住在一个封闭良好的现代家庭中，就可能有遭遇这些症状的风险。所以这是坏消息。但好消息来了——美国宇航局的研究组找到解决方案了吗？是的，他们做到了而且方法十分简单：植物！很多很多的室内植物。

我问沃尔弗顿博士，植物可以起到什么作用。"研究表明，单是处于有植物的环境里就有助于减少压力，降低血压，在工作环境下，还可以提高工人的生产力"，他这样说道。"植物还能去除空气中的空气挥发性有机化学品（VOC）和颗粒物。"你可能也感兴趣的是，这些室内植物还能起到改善情绪的作用，"它们发出的负离子"，沃尔弗顿博士说，"不仅有助于减少空气中的微生物，还能让我们感觉精神愉悦。"

美国宇航局的研究发现，为室内空气排毒的最好方法其实很简单，就是引入不断净化空气的室内植物。他们拟出了一份吸收污染物排名前50的室内植物清单，有些在下页列出。

植物还能为我们做什么？

多项科学研究显示，室内环境中的植物还可以降低血压，减轻压力，对我们的整体健康产生积极的影响。日本科学家、植物专家竹中孝三郎在这一领域从事研究多年，发展出一套适用于医院和公共建筑的"生态花园"概念。我问他是否相信植物能过滤空气，他的回答十分明确："生态花园不仅能净化空气，还能给人们带来内心的平静。"他告诉我说，"室内植物是世界上每一个渴望清洁室内空气和健康生活的人所必需的"。

选择一株植物

那么，你应该如何选择在家里种植的植物种类呢？我向竹中孝三郎提问，是否有某种植物适合客厅，或者有某种特定的植物适合厨房，但他的建议出奇的简单。"我认为根据室内环境选择适合的植物更重要。"他说，"例如，它们要与房间的亮度或温度相匹配。这对于植物的主人来说是非常重要的，这样他们才能在植物的生长过程中获得最大程度的满足。

植物清单

下面的列表展示的是美国宇航局的实验中10种表现最好的植物。在接下来的几页中，我们将分别介绍最适合阳光充足房间和阴凉房间的植物，同时突出一组具有特殊技能的植物。

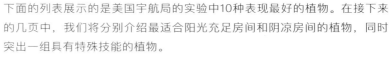

散尾葵（槟榔树）是去除室内空气毒素的植物冠军，这种优雅的植物生长迅速且形态优雅，所以适合明亮的客厅或开放式空间。轻盈的复叶呈现柔和的黄绿色以及优雅的弧线，为房间带来可爱的生活气息和灵动感觉。

棕竹（筋头竹）另一个清除毒素的植物能手是棕竹，但棕竹比其他棕榈植物生长得慢，所以适合较小的房间和格局紧凑的家。与较为精致的散尾葵相比，它那厚厚的、光泽的叶子给人更结实的印象，而且易于养护，所以对第一次种植植物的人来说，是一个很好选择。

竹叶棕榈（竹茎椰子）淡雅脱俗，纤细的藤条和优雅的叶子，竹叶棕榈的高度可以达到1.8米（6英尺），也非常适合作为"绿色屏风"，在开放的室内对空间进行划分，或者在城市住宅里打造一片立体绿化墙。

橡胶植物（橡胶树） 设计纯粹主义者的选择。橡胶植物的干净线条和雕塑之美使它成为简约建筑的完美伴侣。这些漂亮的植物长得很高，所以适合较大房间，此外，它们还具有相当耐寒的优势，因此与娇嫩的棕榈植物相比，更能适应温度较低和较为阴凉的环境。

巴西铁树"珍妮特•克雷格"（香龙血树） 非常适合放在阴凉的角落，这种结构植物可以长得很高，如果照顾得好，可以生长很多年。粗壮的茎和光滑的深绿色叶子很有"树"的感觉，适合用于现代风格的室内空间。

英国常春藤（常春藤） 如果你想给家中增添一点优雅的魅力，同时清洁空气，英国常春藤就是你要找的植物。这种漂亮的蔓生植物会优雅地在架子上缠绕并垂下，或优雅地从悬挂式花盆中落下，在空中摇荡，同时净化空气。

迷你枣椰树（江边刺葵） 如果你想给客厅来点热带气息，迷你枣椰树是最适合你的一种植物。它们不仅善于净化空气，而且看起来很像菠萝树，因此也会给你的客厅带来一丝热带天空和温暖海洋的异域气息。

亚里垂榕 如果你想要一株高而精致优雅的室内植物，不妨看看这株植物。亚里垂榕来自阳光灿烂的泰国海岸，会在明亮通风的房间里茁壮生长。它将安静而有效地清除室内毒素，全年净化空气。

波士顿蕨（波士顿蕨） 和英国常春藤一样，波士顿蕨也是一种非常漂亮的室内植物，适合放置在架子或桌面上，增添优雅风度。它需要一点特别照顾——经常喷水，还需要一个阳光充足的位置——但它会以卓越的清洁能力和出色的装饰效果加倍回报。

白掌（白鹤芋） 排名第十的是漂亮的白掌，一个几乎适合任何室内风格的全能选手。它有着光滑的热带叶片和高大的白色花茎。这种优雅的植物最喜温暖，但对光照环境不太挑剔，所以如果需要时，可以在半阴环境下生长。

六种最适宜放在卧室的植物

你知道吗？大多数室内植物会在白天释放氧气，但晚上会停止氧气释放。所以如果你想在睡觉的时候，卧室里氧气充足，就需要从一小群非主流的植物中挑选一种即便在夜晚也能努力清洁空气的植物。下面这些植物都是夜间供氧者，能够在你入睡的时候，一直守护着你。

夜间供氧植物

- 芦荟
- 石斛兰
- 非洲菊
- 蝴蝶兰
- 虎尾兰
- 白掌（*白鹤芋*）

八种最适合放置在阴凉角落的植物

这些植物可以在较暗的房间和半阴凉的角落里生长，可以将它们放在那些光照最少的房间，起到清洁作用。

- 箭叶芋（*合果芋*）
- 中国万年青（*粗肋草*）
- 心叶喜林芋
- 黄金葛（*绿萝*）
- 心叶绿萝
- 翡翠宝石
- 红苞喜林芋
- 虎尾兰

十一种最适合阳光充足房间的植物

下面的植物会在阳光充足的环境下生长得很好（不过还是要避免强烈的直射阳光）。从这个列表里为明亮温暖的房间选择适合的植物，然后看着它们茁壮成长吧。

- 芦荟
- 变叶木
- 粉蕉
- 亚里垂榕
- 菊花
- 非洲菊
- 长寿花
- 诺福克岛松（异叶南洋杉）
- 郁金香
- 四季海棠
- 垂叶榕

"为室内空气排毒的最好方法其实很简单，就是引入不断净化空气的室内植物。"

用植物装饰空间的十大方法

眼下室内植物的流行可以充分说明时尚是循环的。上一次流行是在20世纪70年代，最时髦的房子里满是手编花盆，巨大的陶土花盆里养着纤细的吊兰和蕨类植物。但随着时间的推移，它们被90年代的简约美学所取代。然而经过几十年的设计荒，人们再次意识到室内植物之美，这是包括我在内的很多人都喜闻乐见的。下面要介绍的是用一些植物装饰空间，为你的生活空间增添一些有趣的看点。

① 分组展示

一组植物的展示是有技巧的。所以与其把小盆植物单独摆在架子上，不如把一组花盆排列在一起。选择不同大小和高度的花盆，混合不同的叶片类型直到你找到一个喜欢的组合。奇数比偶数的效果更好，所以试试以三到五种植物为一组。

② 在书架上做点缀

要想给书架增添生气、色彩和趣味，可以选择书与盆栽植物交替排列，展现生机。选择一种适合室内环境的植物，并享受其中的乐趣。例如，洋常春藤可以给书柜增加一种宏伟的感觉。或者，如果你想展示一组彩色的平装书，将小型的室内植物装入鲜亮的彩色花盆点缀其间，沿着书柜摆放，即可与鲜艳的书脊相呼应。

③ 挂在浴帘杆上

将植物引入浴室可以创造出趣味、热带的感觉，但是浴室的空间通常有限，所以需要发挥一点创造性。如果你有浴帘杆的话，可以试着在这上面来点创意：在栏杆上悬挂几个花盆，在里面种上喜湿的植物。我喜欢把一小束桉树的茎套在浴帘杆上，淋浴的蒸汽会使桉树油释放，产生一种可爱的香味，让我感觉就像置身豪华的水疗中心之中。试试吧——试试这个方法吧，效果一定会让你惊喜。

打造一个丛林

从小到大，我都很喜欢父母家客厅里巨大的绳状藤，以及它给房间增添的奇妙的丛林气息——对那时的我来说，它简直太神奇了。如果你也喜欢这个想法，想要打造一个属于自己的室内丛林，关键的一点就是要追求体积感和枝繁叶茂的层次感。将植物分布在不同的高度，可以打造出较好的效果——植物梯子会很有帮助，因为它可以让植物错落有致。花园中心经常在室外使用植物梯子，如果是在客厅里，可以把梯子靠在墙上，然后放上一些绿色植物。或者，试着在一组不同高度的小桌子上面放一些植物。

用兰花增添优雅

对于精致的室内空间，没有什么能比得上一枝美丽、高挑的兰花。不论你选择单支兰花，把它放在床边或将几支聚在一起成为漂亮的一簇，兰花那高挑的茎，娇嫩的花瓣，和丰厚、有光泽的叶子都可以立刻提高任何房间的档次。我喜欢把兰花看作是植物世界中的格蕾丝·凯利。

6 将植物悬挂起来

如果空间很珍贵，将花盆悬挂起来是给小
空间添加植物的好方法。如果想增加植物
的存在感，可以选择一个大盆植物，或者
将三个较小的植物归为一组。轻盈的绳编
花盆适合挂在窗边，它们不会过多地遮挡
光线，也能给你的客厅带来一丝20世纪70
年代的魅力。如果想让一堵普通的墙，或
者黑暗的角落活跃起来，也可以尝试将颜
色鲜亮的悬挂式花盆搭配使用，悬挂在不
同的高度。

7 固定在墙上

安装在墙上的植物支架如果选择了现代感
几何形状或者金属质感，可以看起来非常
时髦。这种设计最适合藤蔓植物，以及那
些不需要很多水的植物，所以不妨选择一
些易于维护的品种，让它们优雅地从墙上
垂下。

*"如果你也喜欢这个想法，想要打造一个属于自己的
室内丛林，关键的一点 就是要追求体积感和枝繁叶
茂的层次感。"*

8　放在玻璃饲养箱里

在玻璃饲养箱里装满植物是展示绿色植物的一个有趣方法，同时还可以保持植物整洁。复古风格的容器会为房间带来格调，现代风格的容器则更适合时尚的都市公寓。玻璃饲养箱可以将脏乱差控制在范围内，易于浇水和打理，玻璃容器也是教孩子亲近植物的好方法，因为可以用小巧的多肉植物和微型室内植物在里面打造出各种微型场景。

9　打造桌面中心装饰品

盆栽植物可以取代瓶花，作为餐桌的中心装饰。将一组容器在桌子的中间排列来开，可以吸引眼球；在植物之间点缀小茶蜡可以营造浪漫的氛围。如果是特别的晚宴，还可以在每个客人的位置放一个小盆栽，作为可以带回家的礼物。这个想法是我在一个朋友的婚礼上学到的，她给每位客人准备了精巧的多肉植物，装在金灿灿的花盆里，鼓励客人们带回家——与传统的小包糖杏仁相比，这份礼物要特别得多。

"使用室内植物来装饰家是连接室内和室外空间的简单方法，在室内放置植物能够与你家户外的任何绿色空间形成美观的视觉联系。"

⑩ 模糊界限

室内植物是连接室内和室外空间的简单方法，能够与你家户外的任何绿色空间形成打造美观的视觉联系。如果你将落地式植物放在靠近室外出入口的位置，如露台门边或阳台窗边，室内和室外的界限会立即变得模糊。我在我的小卧室里试过这个方法，这个卧室有一个走到后花园的空间，以前是闲着的。我在通道两侧都种上植物，立刻就让房间焕然一新，将它变成了花园的延伸部分。

最后……

照顾

如果你家里有孩子或宠物，要小心那些有毒的室内植物，所以在把植物放进客厅之前，一定要反复检查。孩子，特别是婴儿和学步的孩子，这一时期有见到什么东西都吃的习惯，因此，要确保你放置的任何可能被孩子接触到的植物都是无毒的。

- 把植物放在孩子和宠物够不到的地方
- 用网盖住卵石或土壤，防止吸入
- 选择无毒植物

2

如何用最幸福的颜色
装点你的家

如果你必须选择一种最快乐的颜色，你会选择哪种颜色？也许是天蓝色，也许是宝石红，又或者是淡黄色？颜色可以是非常情绪化的，而我打赌你在不知不觉中已经利用颜色，描述了自己的情绪或思想状态。如果你曾经描述自己感觉"蓝色一般忧郁"或者"嫉妒得眼红"，那么你已经形成了颜色与情绪之间的联系。如果现在告诉你，专家们已经发现了一种公认的"最幸福的颜色"，你会相信吗？

根据曼彻斯特大学一团队进行的研究，当谈到让我们感到快乐的颜色时，有一种颜色明显地可以让所有人感到赞同。另一方面，还有一种官方的"不快乐"颜色。

给我一点阳光

那么，这快乐和不快乐的颜色分别是什么呢？根据这项研究，最快乐的颜色是——黄色。最不快乐的颜色是——灰色。

听起来很有道理，对不对？最快乐的颜色使人想起阳光和温暖，最不快乐的颜色让人想到的则是雨云和寒冷的天气。但这个问题真的能如此绝对吗？而且研究人员是如何检验这个理论的呢？

这项发现来自彼得·霍维尔教授和海伦·卡拉瑟斯博士主持的一项研究结果，他们研究那些曾经感到焦虑和沮丧的人，以及那些不被这些情绪困扰的人，并尝试在二者之间找到颜色和情绪之间的联系。研究团队制作了包含八种颜色的四个色调以及黑、白、灰的彩色转盘。然后他们问每个人三个问题：哪一种颜色代表了他们的情绪？哪一种颜色是他们最喜欢的？哪一种颜色让他们觉得最有吸引力？

大家选出的最受欢迎的"最喜爱的颜色"是蓝色。可这就有意思了，当被采访人被问及哪种颜色让他们觉得最有吸引力的时候，两组参与者中大多数都选择被黄色"吸引"。当被问及哪种颜色代表他们的情绪时，黄色通常

与"正常"情绪有关，灰色则夹杂着"焦虑或抑郁"的情绪。这些发现引领了研究人员得出了结论，认为黄色最常与幸福的心情联系在一起，灰色则通常与不愉快的情绪联系在一起。

我询问油漆公司Farrow & Ball的国际色彩顾问琼·斯塔德霍姆，她如何看待这项研究。"我很赞同色彩有着影响情绪的能力"，她说。这是一种强大的媒介，可以在有意识和潜意识的水平上都产生影响。但她同意，强烈的黄色"肯定有令人兴奋的作用，能导致活跃的情绪"。但她也警告说，不应使用过多强烈的黄色，建议采取少即是多的策略，避免颜色看起来太过"花哨"。

考虑到这一点，在接下来的几页中我整理了一些能够改善心情的布置技巧，教你如何用最快乐的色彩布置你的家。

太阳出来了：
如何用黄色装饰房间

黄色，作为一种阳光的颜色，即便是很小的变化也可以产生很大的影响，所以不妨试试这些简单的装饰技巧，给室内带来一点阳光。

选择暖光

这个为房间带来柔和暖光的经典装饰技巧就是在灯罩里面加上一层暖黄色调的耐热织物，或者也可以选择光洁的金色墙面，便可以即刻打造出温馨的气氛。在你想要营造柔和、散射光环境的房间里试试这个方法，比如卧室或客厅，或者在餐桌上方低低悬挂有黄色内衬的吊灯，让客人（和你）沐浴在温暖的金色光芒之中。

选择黄色调的灯泡也是一个选择，可以快速又经济地打造出温暖的房间气氛。如果你曾经在某个夜晚透过窗户看见明亮、透着喜悦气氛的客厅，你就一定知道温暖的黄色灯光所具有的感染力。在一个黑暗的冬夜，打开房门，黄色的光照了出来，投射在台阶上，是对归家之人最温馨的一种迎接。

"黄色的光照了出来，投射在台阶上，是对归家之人最温馨的一种迎接。"

欢迎客人

你可以在家中的过渡空间使用大胆的配色，例如从室外进入室内的过道，或者从一个房间到另一个房间的空间。不妨给走廊来一点黄色，这样每次从走廊经过的时候都可以感受到情绪的振奋。"一个鲜明的黄色门厅总是透露着主人的欢迎"，琼解释道。所以在你的装修方案中试试使用一点黄色。不一定需要做很大的改变，我在靠近前门的位置摆放了一个蛋黄色的花瓶，每次看到它我的心情就好了起来，尤其是花瓶里装满了花园里采来的鲜花的时候，真是让人欢喜。黄色调的画或者亮黄色的灯罩也能达到同样的效果。或者，如果你足够大胆，把墙壁刷上令人愉快的毛茛黄色，一定可以为玄关增加能量，注入热情。

模拟阳光

琼建议在窗户上使用黄色"打造出阳光的感觉"，有几种方法可以在家做到这一点。在窗户内缘刷上颜色可以很好地模拟出温暖阳光的效果。颜色并不需要太深，即使是柔和的一抹淡黄色也能起到振奋的效果。或者，你也可以挂上色彩鲜艳的百叶窗或窗帘，面料中夹杂的点点黄色也可以使你的家一年四季都沐浴在夏日的暖阳里。

脚踩阳光

颜色鲜艳的地毯可以即刻让深色地板焕发活力，所以你可以尝试选择一块鲜艳的有图案地毯，为脚下增加一股明亮的黄色，每次走过的时候都会脚步轻快起来。几何图案与鲜艳的黄色是一个很好的组合，一块有黄色和白色图案的地毯会让阴暗的走廊立刻明亮起来，也可以为儿童游戏室增添许多乐趣。耐磨防水的地毯甚至可以帮助你在户外打造一块黄色的快乐空间。

展现阳光

黄色是一种很好的高光颜色，可以有效地将注意力吸引到一件主要家具上。将古董家具粉刷上黄色涂料是让它重新焕发生机的绝妙方法。想在有效的预算里实现最佳效果，不妨给旧木椅刷上一层亮黄色，然后把它和其他椅子放置在餐桌周围。或者采用更含蓄一点的方法，将乡村风格的木餐桌桌腿刷上黄色油漆，与实木桌面温暖的纹理形成对比。

播洒阳光

纺织品是能够改变房间外观和气氛的一种又快又便宜的方式，所以如果你想试着用黄色装饰房间，但又不确定是否要做永久的改变，可以先用亮黄色床盖或靠垫试水。将一两个黄色靠垫与沙发上其他的活泼颜色搭配在一起，打造出一种你喜欢的专属配色。也可以用柔软的羊毛床盖铺在床脚上点亮整个卧室。搭配的时候，也要考虑纹理的因素；天鹅绒与高光颜色坐垫是一组十分现代的组合，芥末黄色的天鹅绒靠垫与灰色或藏青色的沙发搭配，会十分优雅时髦。

让人快乐的艺术品

用艺术作品装饰空间是在家中引入颜色的一种很好的方式，而且不像其他的方式，你无须顾虑这种方式是否会过时。选择和购买艺术品时不必胆怯；无论为家装选择任何形式的装饰品，秘诀都只是问问自己，是否真的很喜欢它——不要担心别人的想法，也不要用它是否是一笔"好的投资"来衡量。如果你每次看到它的时候都能感到精神为之一振，那么这钱就花对了地方，不管是油画真迹，还是一幅廉价、活泼的海报。如果预算有限，那么还有很多其他更经济的选择，可以帮你点亮家中的墙壁。在我的家庭办公室里，我收集了一摞明信片，在办公桌上方搭配黄色和纸胶带进行展示，我还会根据情绪，随时对它们进行重新组合。你也可以用最喜欢的杂志封面或绘画作品装裱起来，用充满活力的黄色画框将照片沐浴在灿烂的阳光下。

"无论为家装选择任何形式的装饰品，秘诀都只是问问自己，是否真的很喜欢它 —— 不要担心别人的想法。"

寻求自然的力量

第一印象很重要，所以如果你想每次打开房门时都可以感到快乐的话，不妨在五颜六色的花盆里栽上鲜艳的黄色花朵，以组为单位摆在家门外的位置。如果空间足够的话，攀缘的金银花或蔓生茉莉看起来会很美，也可以试试在春天用赤陶罐种满水仙花。你也可以种些向日葵、报春花、郁金香、玫瑰、玉兰花或任何你喜欢的黄色或金色的花。或者你可以选择（或动手粉刷）明亮的黄色花盆，种满多种颜色的活力花朵来点亮你的门廊。没有任何户外空间怎么办？试一试悬挂花篮或窗台花盆箱代替。

当生活带给你柠檬

柠檬树不仅容易养活，柠檬清新的气味和景观还可以起到振奋精神的作用。我在陶土罐里种了一棵小柠檬树，冬天为它提供遮挡，天气变暖后就尽快搬到阳光充足的地方。在一次意大利阿马尔菲海岸的旅行之后，我购买了这棵柠檬树。在马尔菲，街道旁有一排排的柠檬树，它们清新、带有夏天气息的香味在空气中弥漫。如果你细心照顾，小型柑橘树的结果期很长，这是一种怎么推荐都不为过的植物——看到蜡绿色的叶子下结出一个个鲜嫩的黄色水果，你收获的喜悦将是最好的回报。除了这些小小的黄色宝贝，我的柠檬树还能提供漂亮的雪白色的花朵，它的香味就像打开了瓶装的阳光，让人联想到波光粼粼的海洋和卡布里阳光明媚的海滩。

打造属于自己的阳光：
无论你的风格是什么，让黄色成为你的颜色

每个人都可以找到一种适合的黄色，你所选择的颜色可以对你之后的情绪产生巨大的影响。"房间的氛围可以通过颜色的使用变得更正式或更轻松"，乔也同意这个说法，"颜色越冷越正式，颜色越暖越轻松。小房间可以因为强烈的色彩变得华丽，如果缺少颜色，宽敞的房间也可能显得局促。"

传统风格的空间

如果明亮的柑橘色并不适合你，那就试试更柔和、更温暖的毛茛黄和焦糖色，然后将它们与中性的奶油色混合在一起使用，为传统风格的室内空间打造出更柔和的氛围。这些平静的颜色与深色实木家具和古典装饰十分和谐，在这种环境中，柔和的黄色几乎可以与中性色一样使用。叠加不同的颜色增加趣味性，使用丰富的质地，并与白色形成鲜明的对比，打造出优雅的感觉。

乡村风格的空间

在乡村风格的室内空间里使用黄色也惊人的和谐。重点是要使用浓烈的蛋黄色元素，并将它们与美丽鲜艳的花朵或柔和条纹进行搭配，亚光效果更适合打造随意的风格。以乡村风格的梳妆台为例，如果粉刷成温暖浓郁的黄色，搭配造型各异的陶器，欢快的桌布和一束乡间花朵，一定看起来很棒。

明亮又美丽

黄色是一种充满力量的颜色，在现代风格的家居环境中可以产生实实在在的影响。在窗帘内衬和门框周围等最不经意之处使用一抹活力黄色，饶有趣味。将门的边缘刷成黄色是另一种挑战传统装饰方法的途径，这样每次打开门都能展现一缕灿烂阳光。只是一定要小面积地使用这种强调色，达到突出细节，添加戏剧性或引入趣味元素的目的。

找到属于自己的幸福

根据霍威尔教授和卡拉瑟斯博士进行的实验，黄色似乎是最快乐的颜色。这项研究还发现了其他几种颜色也具有积极的暗示作用，可事实上每个人对颜色的感知都有所不同。你可能想在一些房间里用黄色来营造令人振奋的氛围，你也希望在家里的其他地方创造不同的情绪。"大多数人想要创造一种平静或亲密的感觉。色彩的神奇之处在于，你可以轻而易举地实现这一点。"琼也对此表示赞同。

所以，如果黄色不适合你，或者你想用颜色在家里的不同区域表达不同的情绪，看看下面的颜色表，找到属于你自己的快乐颜色。

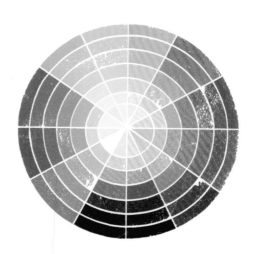

1 选择你的情绪

一边看着颜色表，一边写下每种颜色给你的感觉：快乐、悲伤、平静或充满活力。

2 列出你的房间

现在写下家里的每个房间想要的感觉：客厅、厨房、卧室、浴室、书房和儿童房。

3 找到匹配项

现在将你的情绪和房间相匹配。例如，如果你认为柔和的蓝色让你感觉最为放松和平静，同时你也确定了你理想中的卧室也会让你有这种感觉，那么你就找到了匹配的颜色和空间。让家里的每个人都这样操作，你就会建立起一个颜色VS情绪地图，用它装饰你的家。

开始装修前你需要知道的事情

我向琼请教了她的色彩装饰技巧，以帮助读到这儿的你为自己的家中增添彩色元素。"用颜色装饰的乐趣在于没有任何规则"，琼说道，"这是每个人表达个性的最好方式。不过，我总是建议人们在开始之前，想想以下三件事。"

1 **考虑一下房间里的灯光**

"接受它，不要和它对着干。一般情况下，这意味着在光线较暗的空间使用饱和度更高、更深的颜色，而较亮空间则使用稍浅的颜色。"

2 **不仅考虑墙上的颜色**

"除了墙壁，木制品、天花板以及所有细木工或油漆家具都需要你做出选择和搭配。它们就像是同一个食谱里的各种成分，需要完美平衡，才能呈现出最佳房间装饰效果。"

3 **记得选择让你觉得舒服的颜色**

"你并不需要使用那些房屋曾经使用过的配色，更不需要只是因为其他人都选择灰色就改变自己的想法。"

最后……

尽管灰色被普遍认为并不能使人更开心，这个多变的色系还是有很多值得推荐的地方，近期灰色系的人气也呈现飙升的态势。于是我向琼请教使用灰色打造良好家居氛围的技巧。

毫无疑问，灰色是过去5年里最时尚的家居色彩，它当然不会营造出不快乐的氛围。然而，"你需要注意使用暖灰色调，尤其是在（北半球的）北向光源下，因为对大多数人来说，在家中使用冷灰色都太粗糙和工业化了。墙上使用较浅的灰色，木制品上使用稍深的灰色，可以打造出一个轻盈而宽敞的空间，却仍有一丝高雅之感。"

3

整理出的幸福

一个整洁的家能让你更健康更快乐吗？经研究显示，答案是肯定的，整洁的家可以让你更健康更快乐。加州大学洛杉矶分校的研究人员达比·E.萨克斯比和丽纳·瑞佩蒂发现，与那些把自己的家描述成"宁静"和"治愈"的女性相比，那些把自己的生活空间描述为"杂乱的"或"有干不完的家务活"的女性更可能感觉心情沮丧、心力交瘁。这听起来很有道理，不是吗？一个整洁的家让我们快乐，一个混乱的家让我们不快乐。令人担忧的是，这些研究人员还发现，凌乱的家庭环境也会使女性的压力荷尔蒙皮质醇水平提高。那么你能扭转这种趋势，整理出一条幸福和健康之路吗？绝对可以！根据《英国运动医学杂志》（BJSM）的一项研究，连续每周打扫房间20分钟可以改善焦虑、苦恼或抑郁。如果你想让自己变得健康，就应该挥挥手与让人倍感压力的杂乱生活告别，向打造一个整洁有序的家努力。这一章将告诉你如何去做。

整洁之人的六个日常习惯

如果你喜欢一个整洁的家，但家里似乎总是乱糟糟的，别担心，这样的你并不孤单。但在你真正达到理想状态之前，总有方法可以让家里看起来已经整洁了。这里总结了六条向整洁之人（我姐姐）学来的经验。

1 **马上去做**

还在等待整理你家的完美时刻？秘诀是这样的：那个时刻就是现在。像我姐姐这样整洁的人不喜欢把工作留到以后：她们一看到出现杂乱的物品就立刻收拾；她们吃完饭后，会马上洗碗；她们一起床就会把床整理好。是的，这种人真的存在，而且，只要稍加练习，你也可以成为其中的一员。

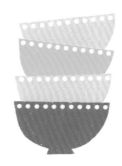

2 **列出清单**

如果家务似乎多得堆成了小山，不妨把它们分解成几个部分，有条不紊地逐一处理它们。凌乱的人把杂乱看成攀登一座大的山。整洁的人把它看作是一系列的缓坡散步。

3 **给所有物品分配指定空间**

这部分的秘诀是：整洁之人的家中不会有这一堆那一堆的混杂物品，因为对于他们来说，每件物品都有一个指定空间。在我姐姐家，如果我读完了一本杂志，我会把它放在桌上，可几分钟后，它会被迅速放进杂志架；如果我把手机放在厨房台面上，它就会回到走廊的充电台上。我在自己的家里也复制了这个模式（当然，我采用的是一个更随意的版本）。但它真的很有效。

④ 边做边收拾

正在做饭吗？整洁的人会边做饭边收拾，而不是把一堆锅碗瓢盆和脏兮兮的砧板留到最后。这同样适用于手工和DIY项目；如果你找出了一摞手工材料，或是一罐颜料和一支画笔，使用完之后马上把它们收起来，而不是把乱糟糟的现场留以后再处理。这有点类似长痛不如短痛的道理。吃完一顿饭而且知道没有餐具要洗的那种幸福可是十分强大的。

⑤ 整理床铺

整洁的人知道只要起床后，马上把床上用品拉平，把枕头拍鼓，就可以让卧室立刻显得整洁有序，以有条不紊的姿态开始一天的生活。我已经在这么做了，而且效果非常好。因为这件小事可以让你在一大早就感受到整洁带来的喜悦。加上它只需要30秒，所以每个人都有时间完成这件事。就这样做吧。

⑥ 精简再精简

你真的需要两个吗？再想想？整洁的人会毫不留情地定期检查家里的物品，并削减数量。他们不需要进行大规模的整理，因为他们根本不给物品积累的机会。用同样挑剔的眼光审视你的家，然后开始以天为单位过滤掉不必要的东西。橱柜里是否装满了只用过一次的厨房用具？把它们卖掉或捐赠给他人。衣柜是否被旧大衣堆积得一团糟？把它们捐给慈善机构，收回你的储物空间。

今天就要处理掉的五件东西

1 不合身的衣服

相信我，如果你在过去的一年里没有穿过某件衣服，那么接下来的12个月里，你也很可能不会穿它。衣服需要让你感觉良好，所以任何没有让你感觉很好的衣服，过紧的衣服以及你总是要努力找理由将它留下的衣服都不要留。一个有用的建议是将你所有的衣架都摆成背对着你的方向，那么当你选择穿某件衣服的时候，需要把衣架转回来面对你。所有在一年的时间里都没有被转过来的衣架说明你已经不再需要这件衣服。这个方法非常有效。

2 大学时的旧笔记或纪念品

是的，你在大学学位上付出了很多努力，但是有必要保留你当年所有的研究笔记吗？难道打算某一天能彻底复习一遍吗？还是说你准备邀请所有的朋友和家人，然后用一个晚上的时间大声朗读一段给他们听呢？如果诚实的答案是否定的（这也是我希望的答案），那么就肯定是时候放手了。出于情感原因保留的旧车票、目录或小册子也是一样。允许自己保留一些对你来说真正重要的东西，把它们整齐地摆放在一个盒子里，然后所有其他东西就处理掉吧。

3 旧手机、充电器和科技产品

因为"以防万一"的想法留着过时的科技产品，这可能
会攒下一抽屉你不会再用的东西。不要这样做。把所
有旧手机、平板电脑或台式电脑都送到回收中心去，
或者用它们来换钱，资助你的新设备。

4 旧厨房用具

如果某个厨具坏了，积了灰尘或者已经两年没有被使
用过，那么是时候把它做回收或捐赠处理了。是的，
就是指面包机、冰淇淋机和堆积如山的旧塑料盒子。
一旦你剪掉了围裙上的绳子，处理掉了为了"以防万
一"一直在围积的物品，你会立即为厨房橱柜释放出
宝贵的空间。

5 旧文件

具有指导意义的标准是，账单和文
件可以保留一年，纳税记录可以保
留七年，把剩下的文件粉碎，但一
定要和你的税务顾问一起确定到底
哪些是需要保留的文件。如果你在
家工作，出于税务的考虑，你可能
需要保留几年的相关文件。

旧电器通常要拿到回收
中心，进行妥善处理。

五个杂物堆积的高发地点……
……以及清理方法

床头柜上

理论上来说，你的床头柜只能放一本发人深省的小说，一盏优雅的台灯和一杯水；而实际上，床头柜上堆的东西可能比这要多得多。因为卧室的台面有限，所以床头柜总是会吸引各种各样的杂物；下面是建立秩序感和平静感的方法。

果断削减

视觉上的杂乱提醒着你有需要完成的工作，而在你想要睡觉的时候出现是十分不应景的。所以不如问问自己，床边真正需要的是什么，然后进行相应的精简。我在自己的卧室里试过，最终拿走了7本没读过的书，两本杂志，三对耳环，两副太阳镜，几个发带和一个发梳。我只保留了台灯、一本书和一个装首饰的托盘。如果你发现自己的床头柜也像这样吸收了各种杂物，那就像我这样精简一下。下手狠一些。

创建一个"口袋托盘"

想想你在就寝时间的例行程序。如果你习惯在上床之前摘下首饰或者清空口袋，准备一个托盘或者储存箱，保持这类小物品的整洁。零钱、袖扣、耳环和钥匙都是常见的造成杂乱的罪魁祸首，所以给它们分配一个盒子，把它们每天晚上装进固定位置。盒子可以是你允许自己在床头柜上保留的一项物品。

选择一个带存储空间的桌子

即使有保持整洁的意愿，杂乱的情况还是会出现，可以选择一个有储物抽屉或篮子的床头柜，先发制人，每天晚上打扫一次，把不重要的东西放进抽屉里或者放在篮子里，收到桌子下面。

卫生间台面

香水瓶、牙膏管、空的洗发瓶……如果每天早上，家里有好几个人在同一个卫生间里梳洗打扮，杂物会以魔法一般的速度成堆出现。下面这些小窍门可以帮你恢复秩序。

分而治之

给每个家庭成员分配自己的抽屉或收纳容器，可以加强秩序，在工作台面上只保留几件物品。如果家里无法给每个人分配一个抽屉作为收纳空间，彩色的盒子或柳条篮子也是不错的选择。把所有不必需的物品在使用后放入这些容器，盖上盖子，有助于恢复一些秩序。如果你想尽量避免洗澡时间的忙乱，也不想光脚踩到坚硬的塑料玩具（一生一次就够了），用一个五颜六色的盒子来装孩子们的洗澡玩具也是个好主意。

将必需品集中

对于洗手液、护手霜和牙刷这种每天使用，需要放在台面上的物品，把它们集中放在一个托盘里，摆在靠近洗手池的位置，这样在洗漱过程中取用这些物品时，就不会把水溅得到处都是。记得选购漂亮的，每天会很高兴看到的瓶子或容器；我会把洗手液倒进一个玻璃皂液器里，因为比起洗手液的塑料瓶，我更喜欢玻璃皂液器。但我承认，对某些人来说，这可能有点强人所难了。

整洁的毛巾

使用大储物箱方便将干净毛巾清洁、整齐地收纳，足够的墙上挂钩可以确保湿毛巾不会在一次淋浴后流落在地上。如果你家有很多人共享一个卫生间，利用颜色区分毛巾是比较有效的方法——一旦有湿毛巾出现在地上，也很容易确认嫌疑人。如果想区分同色毛巾，可以利用简单的彩色标签或用记号笔在标签上画出圆点。如果你真的很有条理，还可以像我姐姐那样，在家庭成员各自的毛巾上绣上名字，效果立竿见影！

厨房的那个抽屉

如果这样提示，你一定可以想到是哪个抽屉里塞满了外卖菜单、电池、剪刀、钢笔、回形针、旧收据和一些稀奇古怪的东西。我们都有类似的问题，实际上，我们都需要这样一个抽屉；你还能在哪里随意地收纳这些没法放在其他地方的物品呢？处理这部分的关键是定期深入整理。

盘点

把抽屉里的东西全部取出，然后将它们分类。将一段段的绳子整齐地卷在一起，菜单叠成一摞，将一堆电池逐一检查，看哪些已经充满了电，哪些需要做回收处理。如果可以给一些物品找到更合理的地方收纳，就这样操作吧。如果真的没有其他空间可用，那就可以将它放回抽屉。但是整个过程要严格一些。

买一个分类托盘

为抽屉准备一个托盘或分隔系统（专业的餐具托盘最好），然后为每一个不同的物品类别分配空间。接着把它一项一项地装满。把所有的每天都可能用到的基本物品（笔、剪刀、绳子）放在靠外面的位置，将那些使用较少的物品（电池、菜单）移动到靠里面的位置。

避免一层摞一层

一个凌乱抽屉的临界点通常是几种物品叠在一起，因为一旦你要找某样东西时，需要拨开一层层的纸片、一卷卷的绳子，之前的努力就前功尽弃了。所以严格要求自己，不要在刚刚整理好的储物系统上乱丢任何东西。如果东西多到一个隔间放不下，那么它就不应该出现在抽屉里。

走廊地板

考虑到每天的通行次数和经过的物品数量，你需要额外努力才能让走廊保持整洁状态。如果你发现自己一进门就经常被鞋子、雨伞或儿童玩具绊着，就意味着是时候来一场闪电战了。下面是将走廊从混乱转为整洁的方法。

储物空间

我对储物空间有一种痴迷，仿佛再多的储物空间都不为过。走廊的储物空间则尤其有魅力；墙钩、柱形托盘、雨伞架和存物长椅可以让一个杂乱的走廊改头换面，也为主人在家里彰显个性提供了一个绝佳的机会。

走廊的地面面积通常有限，所以不妨在墙壁上做做文章。木钉轨道非常适合乡村风格的走廊，可以沿着走廊安装一排，为储存大衣提供最大空间，或者为现代空间选择颜色鲜艳的墙钩，打造快乐友好的氛围。标记名字的钩子适合给每个家庭成员分配固定的挂外套空间和高处的架子适合存放不是每天都需要的东西。

随着季节调整

在盛夏的时候，你家的走廊上是否堆满了各种潮湿的装备？同样的道理，冬天里你是否又将珍贵的储物空间用于存放凉鞋和沙滩包呢？换季时检查走廊的壁柜，把任何非必需的物品移除。把它们存放在别的地方，比如客床下或阁楼上，直至再次使用，然后随着新一季的到来，再次交换。

放进一张条案

如果你想把钥匙、邮件和手机收在固定位置，而不是把这些东西散落在家中的分散位置，就在走廊安排一个地方吧。如果你有足够的空间放进一张条案，它一定能让你满意。幸福有序的秘诀就是在条案上面放几个托盘或碟子，给入门之后要放下的每样重要物品分配一个容器。

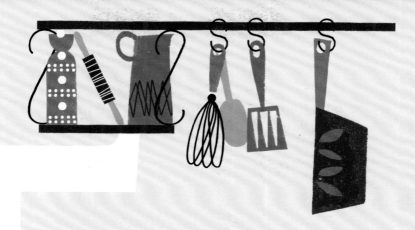

厨房台面

厨房是另一个每天使用率都很高的繁忙空间，因此杂物也同样会以惊人的速度堆积在厨房台面上。我发现那些散落的文件，比如未付的账单和收据，都神秘地转移到了我的厨房台面上——我不知道该怎么做——还有一大堆"应该放到其他地方"的东西。这里有一些方法可以保持厨房台面整洁。

使用公文筐

如果信件、账单和家庭作业常常出现在你的厨房工作台上，摆放一个盒子或托盘，有助于保持整洁有序。细长的托盘更好，因为一个大盒子只会积累更多的文件，让问题更糟。如果你把它当作主动的收纳托盘，每天都要分类整理，可以把所有的东西归纳在一个地方，个人信件和账单就不会在工作台上流浪了。

墙面收纳最大化

杂乱的状态只会产生更多的杂乱，所以将所有非必需的物品清理出你的工作台面，可以让你有一个清爽的开始。许多让厨房工作台面出现杂乱的物品可以通过一些创意的想法挂在墙上。试着把厨房器具挂在吧台或一组挂钩上，香料和草药储存在一个壁挂式架子上，蔬菜摆进挂在墙上的铁丝容器里。

限制台面上摆放的食物容器数量

在工作台上摆放一碗水果等日常必需品是很好的习惯，但当食物容器占领了大部分工作台面时，就需要大胆删减。将大多数食物收进橱柜或看不见的地方，只将你乐于看见的一两样物品摆在台面上。

4

解锁
一夜安眠的秘诀

你最后一次睡个好觉是什么时候？我是指那种能让你第二天早上起床时精神焕发的深度睡眠，它能让整个人充满乐观和活力。如果你不记得上次是什么时候了，那你很有可能需要彻底改变自己的睡眠习惯了，认真对待每天的休息时间，因为如果你想提升家中的健康和幸福水平，良好的睡眠习惯是最关键的一个因素。

睡个好觉能让我们更快乐吗？

没有人怀疑一夜好眠所具有的提神魔力，但我想知道为什么许多人都在睡眠上存在问题，以及没有获得足够睡眠的时候，我们的身体会发生什么变化。我开始探究我们是否可以逆转消极的睡眠模式，揭示我们在家里就可以采用的简单、容易的方法来改善睡眠，以及如何每天晚上都能成功地收获神奇的八个小时睡眠。

我咨询了丽莎·阿蒂斯，睡眠委员会的发言人，了解关于有关放松的事宜。"即使只是一晚糟糕的睡眠就足以影响我们的情绪、注意力和警觉性"，丽莎说，"而长期的失眠有更严重的后果：它已经与高血压、心脏病、糖尿病和中风等一些严重的健康问题联系在一起。"但在你经历另一个不眠之夜而感到惊慌失措之前，可以听听来自丽莎的建议。她坚信并倡导一晚美好的睡眠对健康和幸福水平有积极影响，而且她有一些实用的建议，帮助我们改掉坏习惯。

所以如果我们彻底改变睡眠习惯和程序，能让我们更快乐吗？"当然可以！"丽莎给出了肯定的答案。"与适当的营养和运动一样，睡眠是帮助我们保持健康和快乐的一个至关重要的因素。我们需要良好的睡眠来保证身体的健康，思维的敏捷，并能保持一天的好胃口和热情。"

"如果你想提升在家中的健康、幸福感和快乐水平，养成良好的睡眠习惯是最关键元素之一。"

行动计划

当你想要重新设定，或改掉不好的睡眠习惯时，最适合的场所自然是你的卧室。我们都犯过几个常见的错误——比如在床上看手机——所以我请教了丽莎哪些错误的习惯会对睡眠产生干扰。在接下来的页面中，你可以看到解决这些问题的简单方法。

家里有四件事可能会影响你的睡眠……

1 日光

把卧室的光线调到合适的水平会对睡眠有很大的影响——太多太强的光会妨碍你获得优质的睡眠。"正如光线会告诉你该起床了，黑暗的房间最有助于睡眠。"丽莎解释道，"在黑暗中，你的身体会释放一种叫作褪黑素的荷尔蒙，它能放松你的身体，帮助你慢慢入睡。"（见95页）

2 热量

夏季的几个月里会感觉难以入睡吗？如果你的卧室也非常热，很可能会妨碍你拥有高质量的睡眠。"理想情况下，卧室应该在16℃（60～65℉）左右。"丽莎说，"你的体温需要在入睡前稍稍降低，所以一旦室温过热，就很难入睡。"

3 科技

你会在适当的时候上床睡觉，怀揣着早早入睡的美好愿望，然后花一个小时漫无目地在你的社交媒体账户上浏览，观看撸猫视频和网上购物广告吗？如果是这样，你并不是一个人，但现在可能是时候改掉这个习惯了。"所有这些不间断的刺激会在我们试图入睡时，造成严重干扰。"丽莎还说，"至少在睡觉前一个小时就关掉你的电子设备，这当然也包括你的手机。"

4 颜色

你的卧室是什么颜色的？如果是强烈或明亮的颜色，你可能需要拿出油漆和刷子做一些改变。"强烈的颜色可以激发你的能量，导致睡眠质量差。"丽莎警告说，"相反，柔和的色调可以营造一个更放松的环境。"

⋯⋯如何补救

既然我们已经知道是什么阻碍我们入睡，但怎样才能解决问题呢？
下面的步骤将帮助你打造一个舒适凉爽的卧室，让你可以毫不费力地开始一晚宁静的睡眠。
不需要数绵羊。

挡住光

确保你的窗帘够长

窗帘太短，或者搭在窗台上，通常还是会在边缘透进光线，所以如果可以的话，购买长款落地窗帘，阻止任何光线进入房间。我喜欢窗帘轻柔地汇聚到地板上的豪华效果，尤其是使用亚麻布或轻质织物制成的窗帘，所以我会确保卧室里的窗帘比窗帘杆到地面的距离再长一点。

如果你不喜欢这样，那么只让你的窗帘轻轻地碰到地板即可。重点是避免它们在地毯面上徘徊，因为除了漏光，窗帘太短还会看起来像一条裤子。

增加一层窗帘

如果你真的想让房间密不透光，就需要把你的窗帘分成几层。我安装了一层浅色遮光帘，刚好位于我的卧室窗框内，配合厚重的细麻布窗帘。二者的组合使房间足够黑暗，在需要时打造出与世隔绝的休息氛围。双层窗帘也可以用于打造更多变的卧室图案；在纯色窗帘后面挂上有图案的窗帘可以在白天增加一抹色彩和趣味，晚上则可以藏在厚重窗帘的后面。

使用遮光布

遮光布料是你与日光斗争中的秘密武器，它在儿童卧室里的作用尤其明显，可以在午睡或早睡时让空间变暗。窗帘的背面或内衬可以使用遮光面料，起到很好的遮光效果。百叶窗也可以使用遮光材料制作。如果你使用双倍的遮光百叶窗和遮光窗帘，你真的可以创造一个适合冬眠的巢穴。

让温度降下来

自然风

为了让你的体温在夜间维持在舒适水平，与人造材料相比，优先选择全棉或亚麻布料；睡衣的选择也遵循一样的原则。天然材料可以使你的皮肤更易于呼吸，有助于在整个晚上吸收潮气，调节体温。购买夏季/冬季羽绒被是温度调节的一个很好的选择；它们通常是两个轻便的羽绒被制成，既可以在夏季单独使用，也可以把它们系在一起，形成一个适合冬季安眠的厚被子。

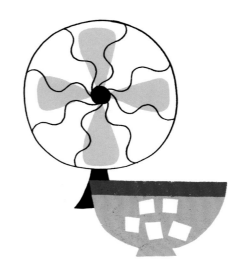

凉爽的微风

即使有合适的床上用品，如果你的房间通风不好，在炎热的夏天晚上想要入睡也要好好挣扎一番，所以白天要尽量让卧室保持凉爽。天气炎热时，白天把窗户打开，拉上窗帘，保持低温，并在睡前使用风扇把温度降下来。去年夏天，在一股热得不合常理的热浪中，似乎整个国家的人都在为入睡做着各种努力，一个朋友和我分享了一个很棒的点子，能够快速（又经济地）打造一个小空调：方法是在桌面风扇前放一碗冰水，注意摆放的角度，使风扇吹出的空气能够从冰面滑过，形成一股股美妙凉爽的"制冷空气"。这个方法真的有效，值得在那些热得让人窒息的日子里试一试。

做冷水瓶

热水瓶总是让人想起微凉的夜晚和寒冷的冬夜，原因很明显。但是在非常暖和的夏夜，试着将你的热水瓶装上冷水，然后塞进冰箱几个小时，制作一个冷水瓶。睡前一小时左右把它藏在被子里，这样当你爬到床上，便可以感受到舒适的凉爽。

"在睡前花一个小时用手机浏览社交媒体，会让你的头脑感觉还没准备好睡觉，尽管你疲惫的身体试图告诉你该睡觉了。"

关掉电子设备

减少蓝光

你是否感到"疲倦但兴奋？"过度暴露在数码设备在夜间发出的蓝光之下会扰乱你的睡眠规律，因为它干扰人体生产褪黑素，可以导致身体疲倦但精神清醒的效果。例如，在睡前花一个小时用手机浏览社交媒体，会让你的头脑感觉还没准备好睡觉，尽管你疲惫的身体试图告诉你该睡觉了。为了回到正轨，试着限制自己在睡前使用手机和平板电脑的时间，如果你实在没法做到，那就将屏幕切换到夜间模式，以降低蓝光强度（见第154页）。

移除LED显示屏

当你尝试慢慢入睡的时候，闹钟上亮起的LED显示屏可能是分散注意力的光源，更糟糕的是作为一种视觉上的时间提醒，它对于一个努力入睡的人没有任何帮助。用模拟时钟或没有背光显示的时钟代替LED时钟，去掉卧室里任何不必要的光源。

关掉电视

卧室里的电视是个棘手的话题。许多人的卧室里有电视，方便在睡前看一部电影，但电视也可能就此主导了这个本应平静、安宁的房间。除此之外，电视也可以严重妨碍我们的睡眠，因此我准备禁止电视进入卧室。如果你还没准备好抛弃你卧室里的电视，那么至少确保你在睡觉前把它关掉，因为屏幕的闪烁会扰乱睡眠荷尔蒙褪黑素的产生。

选择放松的颜色

选择让人放松的颜色

柔和的颜色是卧室里必不可少的元素，应用它们的目标是打造一个祥和的氛围，帮助人们从白天的状态过渡到睡眠状态。在卧室里使用柔和的色调比明亮的、充满活力的颜色更好，但是颜色的喜好是非常主观的事情，所以关键是选择一种能够让你感到安慰和平静的颜色（见第34页）。可以考虑浅色调的蓝色，中性色或温柔的柔和色调。

选择自然色调的床上用品

床单会在卧室的配色中占据相当大的比重，所以选择的时候要慎重。与带有视觉刺激的热闹图案相比，素净的白色、浅色羽绒被或被套更能让人放松。如果你确实想要加入某种颜色，可以在素净的被子上面铺一层有图案的床盖或床罩。

考虑用点艺术品

与热闹的照片或者是色彩鲜艳的艺术品相比，舒缓的场景照片或抽象画在卧室里的效果更好。选择让你感到放松和平静的图案或场景，或者选择一个让人平静的曼陀罗图案。

提高睡前习惯:
有助于放松的四个夜间习惯

既然你已经把你的卧室改造成最适合睡眠的状态,下一步就是考虑一下你该如何每天晚上抽出一些时间来放松身心,让自己在睡前进入更为放松的状态。这里有一些可以在夜晚尝试的、有助于放松的习惯,帮助你在躺下时已经进入了正确的精神状态。

1 把烦恼写下来

我无法忍受很多琐碎的担忧逐渐累积成一个巨大的焦虑的乌云,而且这些忧虑的乌云往往在我快要睡着时聚集起来。如果你也发现自己在凌晨2点十分清醒,而且感到一种无法言说的焦虑,把你想到的事写下来,然后仔细想想到底是什么在让人焦虑,真的很有帮助。上床睡觉前,不论是大问题还是小问题,把所有困扰你的事情记下来,然后试着在每一项旁边写一个行动点。例如,你在担心工作上正在做的电脑演示吗?写下你的担忧,然后加上备注,请同事帮你在早上排练一下。这样做不会立刻消除你所有的担忧,但会使它们变得更易于管理,而这可能会让你的大脑拥有一点呼吸的空间。

② 泡个热（而不烫）的澡

任何能让你在睡前从忙碌了一天的紧张里过渡到更放松状态的惯例或习惯都是有益的。睡前泡个澡真的对切换到睡眠模式很有帮助，如果在水里加一点有放松香味的薰衣草泡浴油，效果则更好。但是一定要确保洗澡水是温热的，而不是滚烫的，使用的香味也应避免强烈的气味，因为这两点都是不利于建立睡眠状态的。

③ 提前做好第二天的计划

早上我总是匆匆忙忙的。无论我多想要保持冷静有序，似乎总是有一种紧迫感——有些人可能会用"戏剧化"来形容我的早晨。所以为了对未来的自己友善一些，我开始在前一天睡觉前就计划第二天早上的事情。我会思考第二天要去哪里，决定我要穿什么衣服，把我的包准备好放在房门前，以尽量减少出门前最后一刻的大起大落。如果已经提前知道第二天的日程特别忙碌，或者有某个重要的大事件即将发生，我会花更多的时间来做准备。否则我会躺在床上担心这，担心那，反而浪费了宝贵的睡眠时间。所以如果你发现自己对迎接第二天变得越来越焦虑，或者像我一样，你不是一个善于早起的人，建议你在上床睡觉前几分钟在头脑中对第二天的日程做个演练，对想到的事情做些准备。这会让你带着轻松的心情上床睡觉，而且，我敢说，心里还可能有一些得意。

④ 设定一个"睡觉时间"

如果你有孩子，你就会知道设定惯例的重要性，尤其是涉及午睡时间和就寝时间的问题。你可以试着用同样的方法对待自己的睡眠，在每天固定的时段睡觉和起床，以建立起睡眠习惯。我每天早上7点起床准备工作，所以我的目标是晚上11点之前上床睡觉，周末也是如此。当然，如果你忙了一周，想犒劳一下自己，在周末睡个懒觉，这也无可厚非，所以即使你没能按照平日的习惯时间起床，也不必过于自责。但如果你能坚持无论工作日或者周末，都在大致相同的时间就寝，一定会对调节你的睡眠有所帮助。

最后……
如何找到最佳睡眠伴侣

如果到目前为止，你已经按照本章中的所有步骤进行了操作，那么你的卧室已经得到了优化，因为你已经选择了舒缓的颜色，写下了所有的忧虑，并把电子设备放在了适合的位置。但这里仍然有一个非常关键的因素需要解决。你的床。要想睡个安稳、放松的觉，选择适合的床和床垫至关重要，于是我咨询了睡眠委员会，他们对如何选择一张完美的床提供了一些具有启发性的信息。首先要思考下面这些关于床垫和睡眠质量的问题。

你需要一张新床吗？

如果你对以下任何一个问题的答案是肯定的，就
是时候给自己换张新床了。

☐ 你的床垫使用超过七年了吗？

☐ 睡醒时感觉身体僵硬/疼痛吗？

☐ 你的睡眠质量比一年以前差吗？

☐ 你是否在睡其他床时获得过更好的睡眠质量？

☐ 你的床垫有明显的磨损迹象吗（松弛、结块等）？

留出足够的时间充分地完成这项工作。感觉累的时候以及时间匆忙的时候不要购物——这样做冒着的风险是错认为每张床都是舒服的床。

怎么选尺寸？

如果你与人同床共枕，睡眠委员会建议选择两个人把手枕在头下，肘部打开，仍可以两个人并排躺着，互不相碰的宽度。他们还建议床的长度比最高的人高出10～15厘米（4～6英寸）。

做个测试

检查你睡的床是否过软或过硬的一个好方法是平躺后，将手滑到背部凹陷的位置。如果太容易滑进去，那么这张床对你来说可能太硬了（会导致臀部和肩部承受压力）。如果将手伸进去很吃力，那么床可能太软了。如果你移动手的时候感到稍微有点阻力，说明床可能正适合你。

睡个好觉！

5

发现
最幸福的香气

气味可以是一件非常个人化的事，而香味往往与回忆紧紧交织。如果你曾有如下经历，当你不经意地被一款特殊的香水味引入到怀旧的氛围之中，那你一定知道我们的嗅觉有多么个性化。另一方面，我们或多或少都认可，有一些气味是大家普遍认为"好"或"不好"的。比如，你很难找出一个不喜欢阳光下玫瑰芬芳的人。

不过，尽管我们都认可气味对情绪的改善功能，却很少有人在布置家居环境时积极地考虑这个因素？作为如此强大的一种感觉，嗅觉通常在室内设计中被很大程度上忽略了。你可能会时不时点起香薰蜡烛，或者买一束鲜花回家，但是你想知道如何用香味来塑造和改善你家中的氛围吗？如果答案是肯定的，请继续阅读。

气味能增进我们的幸福感吗？

我开始探索是否有公认的可以降低压力，增加快乐，会使人在家中感到放松的香气。通过与香水大师兼香水基金董事会董事罗亚·多芬的交谈，我开启了研究。"香气是你能买到的让自己感觉良好的最佳物品之一。" 他告诉我，"因为每种成分都作用于我们的潜意识，释放荷尔蒙，除了其他作用外，还能给我们能量，提升我们的情绪或者增强愉悦的感觉。"

罗亚认为气味作用于我们的心情的力量与记忆方面的联系是密不可分的。他说:"香水能够唤醒记忆，并赋予它们生动、绚丽的色彩。""它可以让我们的嘴上浮现微笑，或者让我们的眼睛充满泪水；它既能让我们感到不悦，又能吸引我们。"那么，我们能通过给我们的家庭增加香气的方式来创造记忆并形成新的气味联想吗？罗亚认为我们可以。"我们对气味的反应是后天习得的。"他说，"每个气味都锁定了一段相关的回忆，封存着当时发生的一切。"

那么气味能成为开启家庭幸福力的钥匙吗？健康品牌 Neom Organic 的创始人兼创意总监尼古拉·埃利奥特认为答案是肯定的。她说:"精油可以作为一种天然的解毒剂来缓解生活节奏的狂乱，香氛对于营造家庭氛围和产生情感非常重要。"

"香气是你能买到的让自己感觉良好的最佳物品之一。"

"最幸福"的气味

我让尼古拉和罗亚分享他们改善睡眠质量、提升情绪、增加家庭能量以及获得最重要的"幸福"因素的秘密。

如何改善睡眠

尼古拉说:"有无数的研究证明薰衣草的放松能力。"它通常被用来帮助人们睡个好觉,无论是干的薰衣草还是薰衣草精油。薰衣草很容易种植,所以如果你有阳台或露台,可以试着在容器里种一点。(见第74页)"茉莉花油是另一种令人非常放松的精油,以其舒缓的特性而闻名。"尼古拉说。罗亚还介绍了薰衣草、洋甘菊、佛手柑、茉莉、玫瑰和檀香作为精油,都有舒缓、镇静的作用,有助于睡眠和放松。

如何提升能量

尼古拉说:"葡萄柚、清爽的柠檬和迷迭香的气味都是有助于提神醒脑的绝佳香味。""几个世纪以来,柑橘类的气味一直被用来提神、醒脑、增强活力。"罗亚表示赞同,"可以想象一下,如果有人在闷热的火车车厢里剥了一个橙子,立刻就会给陈腐的、停滞的空气带来不同的感觉。"柑橘香味主要被用在香水的前调,就像车厢里的橙子一样,能量的爆发是短暂的。你必须少量、频繁地使用,才能保持源源动力。只要能在冬天提供足够的保护,那么在凉爽的气候下种植柑橘类水果实际上是可行的。我家里的小柠檬树总是让我心情愉快,这要归功于它果实的鲜艳颜色(见第31页)和春季里花朵那迷人的香味。

如何增加幸福感

"无论你对幸福的定义是什么,我们相信它始于一种积极的心态。"尼古拉说,"对不同的人来说,幸福的意义是不同的,但你绝对可以用精油来振奋精神,激发一点乐观情绪。"她建议用含羞草、白橙花和柠檬来提振情绪,还建议使用提神的野薄荷和柑橘,"帮助身体平静,促进血液循环,增强免疫力。"罗亚补充说:"科学实验已经证明,檀香可以增强积极情绪,而香草是一种增强内心积极情绪的良剂。"

如何为每个房间选择适合的香味

还是不确定你需要哪种香味？我问罗亚，是否有特定的香味适合不同的房间。"由于我们各自的室内风格不同，对于哪些气味适合哪些空间并没有硬性规定。"他说道,"但概括地说，琥珀和香草这样的气味组合非常适合营造出舒适的客厅氛围，而药草、香料和水果等食材的气味则有助于保持厨房闻起来清新而有食欲。任何清新的气味都适合在浴室使用，但总的来说，在任何房间里，使用有提神作用的柑橘类香氛都不会出错。"

创造美好的回忆

罗亚说:"当我们发现一种我们真正喜欢的香味时，里面的成分会让人产生积极的、感觉良好的联想。这种气味本身也会成为积极联想的一部分，让我们感到安全、无忧、快乐和满足。"

相信你的直觉

"最重要的是，听从你自己的想法。"尼古拉认为我们应该相信自己的直觉。选择能让你感到平静和满足的香味；你的身体最了解你的心灵需要什么。

"你的身体最了解你的心灵需要什么。"

玫瑰不叫玫瑰,依然芳香如故……

花香能成为快乐的捷径吗？根据新泽西州罗格斯大学的珍妮·哈维兰–琼斯领导的一项研究，结果很可能是肯定的。据LiveScience.com报道，研究人员进行了一项实验，他们将房间分为有着香奈尔5号或强生婴儿爽身粉之类的经典花香香味的房间和无香味的房间。然后，他们让59名大学生写下三件人生大事。之后对这些文章中积极和消极词汇的数量分别标记。在芬芳扑鼻的房间里，实验

对象在文章中使用的与快乐有关的词汇大约是另外一组的三倍。这样看来，也许是时候给自己买一束鲜花了，不是吗？

消除难闻气味

不过，在你开始为家里增添美好的香味之前，你需要消除任何可能久久不散的难闻气味。以下是在家里开展清洁工作的方法。

擦洗冰箱

过期的食物和溢出的液体会迅速在冰箱里产生令人不快的气味。把冰箱里的东西贴上整齐的标签，并经常整理，可以让你把冰箱里的东西合理安排，同时避免出现被遗忘的、令人不快的"惊喜"：某个架子上一个番茄已经腐烂，并留出液体。每隔几个月给你的冰箱好好擦洗一下也是个好主意，把所有的架子都拆下，然后在热水里泡一下，再把冰箱门和内壁擦干净。

所有清洁布都用热水洗涤

洗碗布、刷洗刷和拖把都会吸收各种难闻的气味，所以要定期用热水清洗，清除细菌，并经常更换，以保持最佳状态。

清洗宠物寝具

如果你养宠物，那你一定知道宠物的气味会以怎样的速度渗透到柔软的家具里，所以及时清理便盆，整理宠物用品是需要养成的良好习惯。不妨在家中准备一台小型的手持真空吸尘器，去除狗或猫的毛发，也可以定期用热水洗涤模式清洗宠物寝具和任何布制玩具。

更换花瓶里的水

如果你在外出的几天时间里，把一瓶花留在窗台上，那么可以想象在你回来时，花瓶的气味会变得有多难闻。如果放在阳光下直射，花茎会很快腐烂，水会变得黏稠而不新鲜。定期给花瓶加满清水，试着加一滴(一点点就够)漂白剂来杀死所有细菌(见第79页)。如果你要离开几天，记得在离开前把瓶中的花处理掉。

清洁洗衣机

如果你不经常清洁洗衣机，可能会发现你的衣服洗出来的时候，气味并不清新。不过，解决的方法很简单；每周一次，将洗涤剂托盘取出，清洗干净，防止皂液堆积；每月一次，加入清洁剂，进行高温自洁，清除细菌，会让洗衣机焕然一新。每隔几次使用后，记得擦拭洗衣机机门周围的橡胶密封圈，因为死水会积聚在那里。

清理水槽和下水道

清理水槽和浴缸的排水管可能不是什么有吸引力的工作，但你需要处理好，以保持家中的气味清新。定期清理排水口，每月用清洁剂和热水冲洗，以便检查排水口是否堵塞。

让家中充满香味的方法

现在你已经选好了要带回家的香气，这里有几种方法让它在你的家里弥漫开来。

 熏香炉

熏香炉是小茶蜡上有一块瓷盘，可以在上面放一些水和几滴精油。将小茶蜡点燃，就可以将精油加热，并将香气释放到室内。油灯在燃烧时还会发出令人安心的温暖的光芒，这使得它成为冬季夜晚壁炉上一个可爱的摆件。不过，需要留神，因为明火和热油的结合，在任何可能被孩子或宠物打翻或接触到的地方都有点危险。还需要注意的是不要让它烧干。

2 自然香味蜡烛

蜡烛能将欢快火焰的闪烁和缓慢释放的香味结合在一起，并且还有一个额外的好处，那就是在不点燃的时候蜡烛看起来也很漂亮。市面上有很多蜡烛可供选择，从小小的祈愿蜡烛到装在大玻璃罐里的蜡烛，各式各样。但是显然，香味蜡烛点燃以后也同样需要远离儿童，所以最适合那些没有人来人往的房间。

③ 藤条香薰

还有一种不用担心蜡烛燃烧和热油的方法是使用藤条香薰。它的工作原理是通过一束细细的藤条从玻璃瓶中吸取香味溶液，然后连续不断地将香味分子释放到空气中。为了防止任何泄漏，最好把它们放在高高的架子上，或者放在孩子够不到的地方，它们会安静而有效地使空气一整天充满香气。

④ 鲜花

原始的永远是最好的。所以，只要条件允许，买一些鲜活的、呼吸着的鲜花，让它们贡献你最喜欢的花香。无论是一瓶风信子，一捧玫瑰，还是一枝茉莉。这种香味要比人造香味微妙得多，它更清新，也更令人愉悦。此外，如果你从自己的花园里摘花，它们还会带来潮湿泥土的味道，清新的微风或夏日的雨水的气息，这些都是加工不来的东西。

发现最幸福的香气

⑤ 厨房窗台上的新鲜香草

薄荷、香峰叶、罗勒……如果你喜欢这些普通香草清新、提神的香味，不妨尝试在你的厨房或餐厅里种植它们，这样你就可以随时取用，泡茶或者为菜肴添加风味。我在厨房的门附近设置了一个香草花盆，我喜欢在早上出门的时候用手轻轻地拂过香草，释放这些新鲜、令人愉快的香味。

⑥ 干薰衣草

轻拂新鲜薰衣草能够释放它那令人陶醉的香味，其实这是一种做干花效果也很好的花。你可以买或者自制一包干薰衣草。自制的方法是，将刚刚剪下的薰衣草挂在室内某个温暖的地方，让它们慢慢晾干。干燥以后的薰衣草可以装在小香囊里，用来熏香抽屉和柜子，或者将一小包薰衣草塞进刚洗过的床品，也可以获得很好的效果。

7 床品喷雾

一款有着天然香味的床品喷雾可以用于床上用品、毛巾和床盖，将你最喜欢的香味带进你的客厅或卧室。在洗涤以后，或熨烫之前，将喷雾喷在纺织品上可以保持气味清新。如果使用得当，薰衣草喷雾等舒缓的香味在睡前也能起到很好的作用。

"新鲜出炉的面包或一盘蛋糕会产生一种很有舒适感的香味。但是如果你没有时间或不太可能进行烘焙，香草味蜡烛或精油也可以有类似的温馨效果。"

8 准备好,烤点什么吧……

没有人不喜欢新鲜出炉的面包或蛋糕的香味。根据房地产经纪人的丰富经验，家庭烘焙的香味令人深感舒适和安心，是让房子对潜在买家更有吸引力的一种可靠办法。但是如果你没有时间或不太可能进行烘焙，香草味蜡烛或精油也可以有类似的温馨效果。

自己种植

虽然精油是一种在家里就能迅速散发出浓郁香味的方法，但如果你喜欢享受真正的自然香味，并且有时间去试验的话，你也可以在自己的花园里种植许多有香味的植物。下面这些植物都散发着浓郁的香味，有些甚至可以在花盆中种植。

园林植物
素橙
茉莉
忍冬
玫瑰
桉树

合适的植物，合适的地点

当你选择在花床或狭长的花坛里种什么花时，记得重复这句要领。关键是要确定土壤的类型，了解当地的日照强度，然后选择在这些条件下最适宜的植物。可以到当地的苗圃咨询，或者使用在线工具。或者，也可以在周围散散步，看看邻居种植的哪些植物长势良好——这些植物会在你的花园里也生长得很好！

花盆植物
薰衣草
迷迭香
薄荷
甜豌豆
风信子

培育容器

如果使用花盆种植，你可以对环境进行更多的控制。所以，如果你喜欢薰衣草，但又没有合适的土壤条件，不妨用一个大陶土花盆，里面装满优质的盆栽混合土，确保排水良好。另一方面，花盆比花坛需要更多的爱和关注，不要让里面的土壤变得太干或太潮湿。

6

通过花儿改善情绪

很少有东西能像一束刚采摘的田园鲜花那样快速而又有效地提升我的情绪。无论是香味浓郁的玫瑰，娇俏的香豌豆，还是轻轻摇曳的洋地黄，高贵的飞燕草，当我花时间在花瓶里插满鲜花时，我的家看起来更快乐，我的心情更明朗。如果你有同样的感觉，这背后其实有很好的理论支持，因为这些色彩鲜艳的小小情绪增强剂实际上已经被科学证明，能够增加我们在家里的幸福感。根据新泽西州罗格斯大学发表在《进化心理学》杂志上的一项研究，花的出现对情绪反应、社会行为，甚至记忆都有着直接和长期的影响。如果你想在你自己的家里得到一点花的力量，下面是一些用花提升情绪的方法。

插花力量：
如何让你的花绽放得更久

对我来说，一束插花短暂绽放的美是它的魅力之一。在短短的几天里，看着玫瑰紧闭的花蕾绽放出芬芳，盛开美丽的花朵，又看着它慢慢凋谢，让人在它最绚烂的那几天里充分地享受它的陪伴。

然而，也有一些方法可以让你的插花在室内环境下活得更久一点。我邀请了bloomon花卉快递公司的常驻花卉艺术家斯图尔特·芬维克来分享他的养花秘诀。

不要拖沓

制作插花时速度是关键。要尽快把它们放入冷水中，所以当你把它们带回家时，应该立刻把包装拆下，剪好花茎，放进一桶冷水中。

切花有角度

用干净、锋利的刀或剪子以一定的角度，从花茎根部切掉2.5厘米的长度；每次换水的时候都要这样切花，因为花茎的末端会迅速"封闭"，阻止切花吸收水分。供养着花或叶子的木质茎在吸水上尤其需要额外的帮助，所以切花时应用刀沿茎横向切开，以最大限度地扩大花茎与水的接触面积。

保持阴凉

窗台是展示花束的常见地方，但实际上最好不要让你的花卉受到阳光直射，也不要让它受到暖气片或其他热源的影响。这样，它们就会以较慢的速度打开，并持续开放更长时间。

添加一些漂白剂

在养花的水里滴一滴漂白剂可以杀死细菌，从而保持花朵的新鲜。每三天换一次水，加一滴漂白剂来延长这些花的寿命。（注意，漂白剂不要加太多——你想杀死的是细菌，而不是花!）

保持低水位

给花瓶加水时很容易将水装满，但这实际上对花期是有害的，因为它加速了茎开始退化的速度。相反，只要在你的花瓶里加少量的水就可以了。这个规则的唯一例外是你的花束中有木质茎的时候（如树篱浆果类）；它们需要尽可能多的水，所以适合将花瓶加满水。

摘掉多余的叶子

从花瓶边缘下摘去多余的叶子，确保没有叶子或树叶浸在水中，因为这会导致水变浑，花茎变得黏稠。

不要把花和水果搭配在一起

花和水果搭配看起来很美好，但实际上并不十分适合。包括苹果和梨在内的许多水果会释放出乙烯，这会使花腐坏。所以如果你想让花在室内开放得时间更久一些，就把它们放在远离水果盘的地方。

如何打造完美花束

这里有一些小技巧可以帮助你在家里制作出完美的花束。

• 将花瓶放在面前，用它粗略地测量花束中花茎的数量，然后将花茎切好

• 剥去花瓶颈部以下的所有叶子（否则它们会很快腐烂）

• 把花一支一支地以一定角度放在花瓶里，摆成一个三脚架形状；摆花时记得转动花瓶，这样你可以从不同的角度查看花束

• 改变花茎的高度，以创造动感和生命力（当然，除非你的目标是呈现紧凑有序的排列，将一种类型的花一起展示出来）

• 将最高、最结实的花茎放在花瓶中间，以避免不够结实的花茎倾斜，搭在花瓶边缘时，花束整体会出现的缺口

盛开得如此可爱

以下是如何根据你的室内风格选择并摆放鲜花的方法。

如果你的家是现代风格

坚持用一种颜色

如果你的室内风格是整洁现代的，请选择同一种色系的花，大胆尝试，打造出引人注目的花束。举个例子，红色的番红花搭配一个简单的玻璃花瓶会显得很漂亮，天蓝色的飞燕草也一样。搭配的秘诀就是挑选那些线条清晰、色彩饱和的花朵，让它们在没有其他形状和颜色竞争的情况下，以自己的方式绽放光彩。

选择结构型叶片

如果你想要打造出有雕塑感的花束，可以考虑使用植物叶子，考虑一下稻科类植物、树叶和花头。把它们和花茎搭配在一起，或者单独把它们作为雕塑形式展示出来。一束桉树枝干总能让你的房间呈现出一种简单、优雅的氛围，也会让你的房间散发出清新的香气。

按比例摆放

一簇小巧的花束看起来既古怪精灵又趣味十足，但如果你想给人留下深刻的印象，就可以把花束摆在显眼的位置。一个装满了稻科类植物的超大花瓶，繁茂的树叶和显眼的花头，即使在最小的空间内也会闪耀光芒，一般来讲只要在入口走廊或餐桌上摆放这样的花瓶就可以产生足够的视觉冲击力。

选择流线型的花瓶

有图案的花瓶或重新调整用途的器皿，比如茶杯，非常适合悠闲的乡村风格的室内空间（见第83页图片），但如果你想打造出时尚的花束，就需要避开图案化或复古造型的花瓶，而是选择一个大型的流线型花瓶。既可以是透明的玻璃花瓶，也可以是单一的纯色花瓶，都能够获得最好的效果。

如果你的家是……乡村风格

选择陶瓷罐吧

釉面光滑的陶瓷水罐，颜色明亮，令人愉快，是乡村风格花卉陈列的完美容器。我的家里有太多这样的陶罐，每次我在商店看到这样的陶罐，都要忍不住买下。手工制作的陶罐是完美的，因为它们有那种非常重要的"手工"特质，手工上釉和手绘也会增添一些个性。

搭配不同颜色的野花

在我的家里，乡村风格的花束是我最喜欢的。我喜欢不同形状、颜色和大小搭配出来的令人愉悦的组合，花材来源主要是自家种植的花卉以及野外采摘，这些花往往比温室种植的花或商店里买回的花更精巧、更有想象力。乡村风格的花卉展示与传统室内设计的秩序感完全相反，所以可以使用不同的茎高来打造动感和生命力。乡间花园里的常见花，比如洋地黄、羽扇豆和老式玫瑰都是打造这种造型的关键元素。

利用野外的花材宝库

如果你能在不破坏野生动物栖息地的情况下在户外收集花材，就一定能在灌木丛中找到宝藏。我喜欢在春天采回一捧一捧的峨参，在秋天收集红色、金色的叶子和深红色的浆果。展示诸如此类的本地和季节性素材将有助于你打造的景观跟上季节的变化。

将花瓶和容器混合搭配

乡村风格的插花方法既轻松又自在，因此很适合花瓶和容器的混合搭配。画满当地动植物的茶杯、金属容器和瓶子可以打造出有趣和快乐的花卉组合，所以用上你手头有的容器，来展示古怪的、色彩丰富或者风格复古的图案和风格。

"用你手头有的容器，来展示古怪的、色彩丰富或者风格复古的图案和风格。"

如果你的家是……传统风格

在浅碗里装满玫瑰

用雕花玻璃碗装满美丽玫瑰是一种别致经典的花卉展示，也是快速提升室内空间氛围的有效方法。玻璃碗适合摆放在正式的走廊桌子上，与墙上挂着的一组光亮银色相框呼应，或者给一张抛光的木质茶几增添一点低调的魅力。这种经典的搭配低调地诉说着优雅，并不显得夸张奢华。

打造大型中心装饰品

在安静、整齐有序的传统室内空间里，小组的容器摆件可能看起来杂乱无章，所以如果你渴望呈现秩序感和宁静感，建议选择大型的花卉展示，而避免多件的成组展示，并坚持使用几种类型的花卉，从而避免在乡村风格的室内空间里出现"野性"的外观。米色玫瑰、绿色和白色绣球花头和直茎大丽花都是经典的花卉选择，适合用于低调内敛的展示。

善用兰花

如果说有一种花，展示时基本不需要任何精心布置或修饰，那就是兰花。这种花散发着优雅和魅力，可以为任何房间增添一层高雅的气氛。他们极具雕塑感的形式和冷若冰霜的美，与传统的室内环境完美匹配。可以试着在床头柜上展示单支兰花，或者在抛光的木桌上展示三五支的一簇兰花，作为重点的中心装饰。

> "如果你渴望呈现秩序感和宁静感，建议选择大型的花卉展示，而避免多件的成组展示，并坚持使用几种类型的花卉，从而避免在乡村风格的室内空间里出现'野性'的外观。"

六个不花一分钱的花瓶创意

① **空酒瓶**

最近我和一个朋友坐飞机时，她点了一杯鸡尾酒。酒装在漂亮精巧的天蓝色小瓶子里，瓶子一倒空，我就把它收进了手提行李里，因为我知道它会成为一个最可爱的花瓶。

事实也确实如此。冬天，我用它来展示最先绽放的精致雪花莲和藜芦，夏天，我用它装乖巧的甜豌豆或一把薰衣草。更大的酒瓶也可以是很好的花瓶；尤其是杜松子酒瓶，往往是漂亮的绿色或蓝色玻璃瓶。请朋友和家人帮你收集酒瓶，或者把它当作举办鸡尾酒会和收藏空瓶的理由。

② 装饰锡罐

有些罐头盒实在是太漂亮了，不能扔掉，所以一定要保存一些复古风格的容器或不寻常的食物罐头盒，作为花瓶再用。老式的橄榄油罐或复古的芥末罐是不同寻常，但效果很好的花瓶。即使是不起眼的西红柿或烤豆罐头也可以考虑使用——只要把不好看的标签洗掉，然后涂上一层油漆，或者在上面系上漂亮的织物或丝带，让它更漂亮。

③ 果酱罐

玻璃罐是乡村风格的家中使用的理想花瓶，几乎每家的食品橱里都能找到一两个这样的罐子。果酱吃完以后，将罐子洗干净，然后装入漂亮的乡村风格的花，将花剪短，让花头的高度刚好在罐子边缘上方。最后在罐子的边缘缠绕一些金属丝，然后向上弯曲，形成一个小把手，这样就做出了一个适合装饰户外派对的完美的悬挂花瓶。

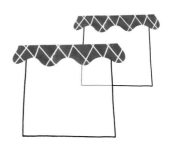

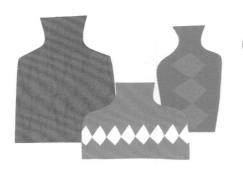

④ 玻璃化妆品瓶

空的粉底瓶或玻璃香水瓶可以做成可爱的小花瓶，用来盛放小花束。尤其是香水瓶，往往拥有精巧的形状和美丽的颜色，将它们装满乡村风格的小花，成组摆放，可以打造出一个可爱的复古风格展示品。

5 一个冰桶

如果你需要一个大花瓶，但是手头没有，冰桶可以作为一个很好的替代品。它们通常是直筒形状，或者顶部稍微拉长，所以很适合盛装一大束高大的花，创造出精彩的视觉焦点。

6 茶杯

精致的复古茶杯非常适合展示玫瑰花；一组多样式的花朵图案茶杯里面装满了大朵散发芬芳的玫瑰，会成为夏日茶会上的奇妙点缀。你需要把茎剪得很短，你可能还需要用胶带把它们固定在合适的位置（详见下文），但它们一定会给你的桌子增添一份优雅。

重要提示

如果你用宽颈的花瓶或碗盛花，可能很难让你的花束保持整齐，这里有一个来自花商的小秘诀，可以让花保持在适当的位置。用一卷薄薄的纸胶带，在容器的顶部水平粘贴胶带，做出一个网格，然后从瓶口边缘的一端开始，垂直地将花插进去。

通过这种方式，你可以制作出一个整齐的小网格，作为框架来摆放你的花。现在开始构建你的展示思路，将单支的花放入带子之间的空隙中，将每支单独的花牢牢地固定在适当的位置来呈现整个造型。

如何种出属于自己的花卉

如果你想一年四季都有便宜的本地花材供应，不妨自己动手种一些。你并不需要一个很大的花园；事实上，你甚至不需要拥有花园，因为许多花可以在露台容器或阳台花盆中种植。

我咨询了英国皇家园艺学会（RHS）科学与收藏部主管阿利斯泰尔·格里菲思教授，问他哪些是对零基础的初学者来说最容易种植的植物。格里菲思教授推荐了使用四种不同球茎的简单搭配（见下文）。多年生球茎意味着这些植物可以在容器里年复一年地生长开花，所以你只需要种下它们，它们便可以生长下去。

多年生球茎，全年供应花材

春天：水仙花
没有什么景象比春天的第一朵水仙花更令人欢欣鼓舞的了，它预示着温暖的日子即将到来。

夏天：紫色的葱属植物
这些紫色的大花在夏季的花园中非常引人注目，也非常适合作为切花在室内摆放。

秋天：番红花
当花园里其他的花都在凋谢的时候，番红花可以为你的情绪增色。记得在夏天的几个月里，种上一簇秋天开花的番红花球茎。

冬天：雪花莲
在晚春时节种上几颗雪花莲，来年冬天就开出点点耀眼的白色小花。

7

照亮美好生活

在我家里有这样一个房间，原本不太使用，后来却成为利用率最高的一个房间。其原因与本章的主题有关。这个房间是房子后面的一个小客房，但从中午开始，阳光明媚，这个房间便沐浴在最温暖的金色阳光中。把门打开，鸟儿在歌唱，树木在轻轻摇曳，这是一个辉煌的、宁静的、阳光普照的空间。这是我最喜欢的地方。这一章会提供一些灵感，帮助读者找到将阳光引入室内的最好方法。

自然光能使我们更快乐、更健康吗？

这个小房间能让人心情舒畅的特质让我思考，我们家中接收到的自然光照量是否与我们的情绪、幸福感和整体健康有直接关系。我决定看看是否能发现家庭日光接收量与健康和幸福之间的联系。为了能做到这一点，我采访了菲利斯·齐博士，他是伊利诺伊州芝加哥西北大学医学院的睡眠医学主任，在与伊利诺伊大学的合作项目中对这个课题进行了研究。

齐博士发现，与工作场所光照较少的办公室职员相比，工作场所光照较多的办公室职员睡眠时间更长，睡眠质量更好，进行的体育活动更多，生活质量也更好。那么，这些发现是否也适用于我们的家居环境呢？"研究办公环境是因为我们白天大部分时间都在室内工作。"齐博士向我解释说，"但是，同样的理论也适用于家居环境。"那么，到底为什么日光会对我们的健康有这么大的影响呢？齐博士说："光线是室内计时最重要的一项指示，因此会对健康产生积极或消极的影响——取决于照射的时间。"

阳光美好的一天!

根据齐博士的研究，时间是家中光照水平最重要的一项因素，而晨光会对我们的健康和幸福产生巨大的影响。"晨光对情绪、睡眠和体重调节特别重要。"齐博士还建议:"如果可能的话，早上你应该试着坐在窗边或靠窗工作，在窗边吃早餐。"

如果你无法实现这样的目标，那么最好的替代方案就是"安装人工照明（白色广谱），保证使用频率最高的地方是明亮的"。齐博士说，光线强度应该设定在1000勒克斯左右，你可以用光度计，甚至是一些智能手机来测量。

自然放松

齐博士表示，"虽然早晨和白天的光照是有益的，但晚上暴露在光下对睡眠有害，可能还会影响新陈代谢。"为了让你的身体自然放松，为睡觉做准备，齐博士建议从晚上8点开始调暗家中的灯光（在天黑时间变晚的夏夜，记得拉上窗帘）。"对大多数人来说，这是他们自己的褪黑激素（由松果体产生）开始上升的时候，帮助向身体发出黑暗信号。"她解释说，"晚间暴露在强光下会阻碍这种天然的黑暗荷尔蒙的分泌。"

（想知道更多打造完美睡眠环境的信息，请看48～61页。）

"时间是家中光照水平最重要的一项因素，而晨光会对我们的健康和幸福产生巨大的影响。"

让光进来吧:

九种让你的家充满阳光的方法

温暖的阳光照在脸上可以让大多数人感觉很好,用下面的方法可以最大限度地增加家里的自然光。

① **用镜子反射光线**

镜子可以在阴暗的室内空间发挥神奇的作用,把镜子随意地挂在墙上,室内的光照就会加倍。把镜子摆放在阳光充足窗户的对面以反射光线,或者直接放在天窗下面的墙上以放大光照效果。镜子在黑暗狭窄的走廊里也特别好用,在预算范围内选择一面最大的镜子,摆放在这种典型的黑暗、无阳光的空间也是非常值得的。如果你的预算有限,可以找一个玻璃专家把镜子切成适合的尺寸。

如果你需要很大一面镜子,这样做通常会比购买普通镜子更划算,而且你通常可以从一系列镜面效果中进行选择,从晶莹剔透到精致的"斑驳镜面"(就是那种古董镜子上可以看到的精美大理石一般的饰面)。你也可以通过选择多面镜子来增强阳光散射,或者在厨房或浴室里用反光的镜面瓷砖墙来增加意想不到的效果。

> "镜子可以在阴暗的室内空间发挥神奇的作用,把镜子随意地挂在墙上,室内的光照就会加倍。"

② 选择镶有玻璃的房门

理由很简单，一扇厚重的房门会把光线挡得严严实实，如果改用一扇镶了玻璃的门，可以让原本阴暗的走廊呈现另一番景象，并将额外的日光引入阴沉的室内。如果你担心私密性的问题，可以选择磨砂玻璃或蚀刻玻璃面板，夜间拉上窗帘。

彩色玻璃是十分适合房门的一个选择，因为它们能够在日光从室外向室内传播时改变光线。几年前我在一所房子里看到了一扇漂亮的彩色玻璃，设计成了旭日形图案。当光线从外面透过黄色和橙色的玻璃时，就会变成浓烈的金色阳光，照亮了远处狭窄的走廊。

③ 清理杂乱的窗台

扫掉窗台上的杂物，把它们擦洗干净，让尽可能多的光线透过窗户。这听起来可能是一个小小的变化，但是你会惊讶于窗台上展示的相框、花瓶或装饰品占据了那么多的窗户空间，并且减少了透过窗户的光照量。

④ 用玻璃门取代实木门

开放式布局是将室内自然采光最大化的有效手段，但如果无法进行这样的安排，有几种方法可以达到同样的效果，又不需要大动干戈。将实木室内门换成玻璃门是一种简单的方式，允许光线从一个房间透射到另一个房间，同时仍然维持清晰的空间划分。如果正在策划翻新工作的话，增加室内窗户是另一个选择，值得询问建筑师或建筑商进行商讨。这样做的目的是将房子的两边连接起来，让光线能够从一边射向另一边。这种情况在大多数家庭中很少见，因为内墙、门或走廊通常会挡住空间的中心。但是，如果你可以用玻璃门或窗户将房间前后或左右连接起来，一天之中随着太阳移动，阳光便可以从一个房间照射到另一个房间，允许较暗的房间"借用"阳光。

⑤ 安装一个光隧道或太阳能管

想要在几乎没有自然光的阴暗房间里增加亮度，太阳能管或光隧道是一个非常有效的选择，也是安装人造光的替代方案。对于没有朝外窗户的地下室、走廊或室内房间来说，这是一个理想的选择，它们可以从室外汇聚光线，使黑暗的房间充满光明。同样，如果你打算开始装修工作，这些可能只是一个可以考虑的选择，但它们确实可以改变一个没有窗户的空间，所以请咨询你的建筑师或建筑商是否有可能做这样的改变。

⑥ 踏步楼梯

在许多房子里，顶层会比底层更明亮，所以可以通过楼梯把一些自然光引到下层来。选择踏步楼梯可以让光线从较高楼层照射下来。也可以用浅色涂料粉刷楼梯踏板，帮助光线从每一阶反射到较低楼层。镜子也可以在这里派上用场，一面带镜子的楼梯墙可以反射来自较高楼层的光线，并将光线引导到房子的其他部分。如果你打算重新设计规划房屋，在楼梯间加一个采光井可以使阴暗的楼梯间变得明亮，并将光线照射到较低的楼层，是一种非常有效的方法。记得咨询建筑师或建筑商这样的想法是否可以实施。

7 把窗帘挂起来，打开窗帘的时候它们是远离窗户的

在悬挂窗帘时，室内设计师的一个特别建议是，选择一根长度伸出窗框外的窗帘杆，这样当你拉开窗帘时，窗帘就会离开窗户的范围，靠在墙上。这样做可以让整个窗户看起来干净整洁，并且最大程度地让阳光进入。百叶窗也是如此——选择那些可以拉起并远离窗框的款式，不要停留在窗框内，阻挡光线进入。

8 使用反光材料

除了镜子，许多其他材料也具有反光属性，所以考虑把这些材料带进你的房间，加强光线散射。不过，这并不意味着要使用玻璃和金属等许多硬质材料；抛光漆面、金属框架、高度抛光的木质表面和浅色地板都有助于最大程度地利用进入房间的每一丝阳光。深色和亚光材质会产生相反的效果，所以可以把它们放置在一处温馨、舒适的地方。

9 看向天空

如果你家被其他建筑遮挡，如果你的窗户的光线亮度并不让你满意，那么从屋顶引入光线可能是你一个很好的选择。与其每天指望着短短几个小时的阳光，头顶的天窗可以提供比普通窗户更多的持续日照时间。通过从屋顶直接向下引入光源，光线的质量通常也比垂直窗口好得多。它们也是单层建筑或阁楼改造的不错选择。

活跃起来吧：
点亮阴暗视野的三种方法

有些时候，尽管心怀世上最美好的愿景，却无法打开窗户，甚至可能一天的大部分时间里都不可能打开窗户。在城市地区，缺乏吸引力的风景以及私密性问题可能也意味着你需要一整天都挡住窗户。如果你家里就是这种情况，别担心，只要选择以下一种窗户处理方法，既保护你的隐私，又能让阳光照进来。

1　智能的窗户贴膜

窗户贴膜是一个极佳的、低成本选择，在遮挡住窗户的同时自然光仍然可以通过。有很多有趣的选择，从定制的设计到你可以按米或码订购的图案，它们都是为房间增添个性的好方法。在我重新装饰厕所时，我想换掉滚轴百叶窗，因为它占用了很多窗户空间，所以我安装了一个带有微妙金属光泽的贴膜。这种薄膜中嵌有微小的银色颗粒，当光线透过薄膜时，会发出耀眼的光。我选择了一个点缀着小星星的设计，它可以让一束束银色的光线穿过房间，在早晨的房间里散布片片阳光。这种窗户处理方式既节省了很多开销，又实现了狭小空间的成功改造，所以这是在短时间内或是资金缺乏的情况下一个很好的选择。因为它易于安装和拆卸，对于租房来说，这也是一个理想的解决方案。

② 智能百叶窗

如果你想在白天控制房间的光线强度或私密程度，配置了调节器的百叶窗十分有用，因为它们可以根据需要打开或关闭，并能倾斜角度让光线进入，同时还能保护隐私。它们的外形简约，有一系列的颜色和表面材质可供选择，如自然木色，经典白色，明亮原色与柔和淡色。选择浅色可获得最大的反射效果，光面可增加额外的亮度。

③ 薄质的材料

如果你喜欢窗帘在窗边飘动，纯净的浅色亚麻布料是一个不错的选择，它可以在不完全遮挡光线的情况下遮蔽窗户。轻质的、开放式的织物既能在没有吸引力的风景上蒙上一层柔软的面纱，或者遮挡室内空间，免受窗外行人目光的打扰，又能让散射光透过。如果窗户是打开的，柔软的织物也会在微风中飘动，因此这是一种将生机和动感带入阴暗空间的好方法。

"如果窗户是打开的，柔软的织物也会在微风中飘动。"

跟随阳光：

如何围绕光照方向设计你的房间

当我们搬进新家的时候，通常会接受房子既有的空间布局，而不会仔细思考它们是否是最适合我们的方案。但是有了这些关于阳光的新知识后，是时候彻底改变你的空间布局了。

想一想太阳的运行方式，从东方升起，从西方落下。对于你的家来说，这意味着朝东的房间早上能最先获得光照，而朝西的房间则是阴凉的，傍晚的情况则相反。到目前为止，一切都合乎逻辑。但你是在充分利用这些房间，还是在不知不觉中与它们对着干？

例如，在理想的情况下，你可以在一间朝东的房间里开始一天的生活，充分利用早晨的阳光，然后在一天的晚些时候移动到一间朝西的房间里，享受午后柔和的阳光。虽然不可能彻底改变你家的布局，但看看你的平面图，考虑一下是否有任何小的调整，让你可以跟随太阳的运转在家中移动。例如，是否可以在朝东的房间吃早餐？你能把晚餐安排在朝西的空间吗？

"朝东的房间早上能最先获得光照，而朝西的房间则是阴凉的，傍晚的情况则相反。"

北、东、南、西……
哪个方向最好?

如何追逐太阳?

在北半球,朝北的房间容易获得更为凉爽的蓝色自然光,所以尽量把它们分配为使用最少的功能空间,比如杂物间、浴室或储藏室(这也适用于南半球朝南的房间)。朝东的房间往往在早上有"温暖"的光线,而在晚上有"寒冷"的光线,所以是理想的早餐室或卧室,如果你喜欢在阳光下醒来。(北半球的)朝南房间通常能获得最温暖的自然光,所以将它们用于客厅和家庭房是合理的,以便真正充分利用它们。

朝西的房间在早上会感觉更冷一些,而在晚上,随着太阳的移动,会感觉温暖些,所以这类房间非常适合晚上居住。

8

如何营造
舒适的休憩环境

在我心中最美好的记忆之一，就是蜷缩在又大又暖的壁炉前，看着火焰摇曳闪烁，感受着脸上的温暖，耳边环绕着身边的家人起起伏伏的闲聊声。这种舒适和满足的感觉，既与家庭的安全和舒适的氛围有关，也与壁炉里圆木的噼啪作响、炉火的温暖和我脚下柔软的地毯有关。因此，在我看来，一个"舒适"的房间必须具备三个基本要素：温暖、质感和安全感。对我来说，安全感是一种被亲密的朋友和家人包围的安全之感，而温暖和质感可以是从舒适的灯光和柔软的材料，到舒服的阅读角落在内的任何东西所得到的。在这一章中，我研究了如何增加家庭的舒适因素，打造出一个具有滋养和培育功能的空间。

待在家中是新的走出去：
在预算内
打造舒适住宅的
五种快捷方式

通过这些简单地改变，打造温馨的家居环境，并带来丰富的触觉层次，让您在家中获得舒适和放松之感。

"使用各种不同的触觉元素，将它们组合在一起，创造出一个柔软的、封闭的空间，在夜幕降临时可以在里面休息。"

1 选择天然材质

打造舒适房间的秘密就是使用各种不同的触觉元素，共同打造一个柔软、封闭的空间，可以在夜色降临的时候休息。避免使用边缘坚硬或冰冷的东西，如金属、玻璃和混凝土，应选择柔软、天然的材料来装点房间，这会让你安顿下来并且身心放松。你每天使用的东西都应该用简洁而优质的材料制成，所以当你选择新的盖毯、靠垫，甚至马克杯时，都要考虑材料的触感和外观。抛光的木材，手工上釉的陶器，挺括的棉布和柔软的亚麻制品都是值得投资的物品，而那些你经常接触的材料，比如门把手和灯开关，也应该仔细地选择。

2 多加几层

在寒冷的日子里多穿几层衣服便可以保暖，你可以用同样的方式对待你的家——一层，一层，又一层。在客厅的沙发扶手上搭一条柔软的盖毯，这样当温度下降时，你就可以很容易地拿到它，再放几个大大的靠垫然后舒服地蜷缩在里面。加上一双厚羊毛袜子和一杯热饮，接近完美。在你的卧室里，给挺括的亚麻床单铺上蓬松的棉质或天鹅绒毯子，或者将柔软的羊毛床盖折叠铺在床脚位置都可以获得更多的温暖。

3 打造光池

明亮的顶置灯带或LED射灯会为在家烹饪或工作提供明亮的功能性照明，但当你想切换到舒适模式时，你应该选择黄色暖光灯，并建立起柔和的层次变化。这样做的目的是为了营造出一种温馨的光线，所以记得引入几盏台灯和落地灯来营造出层次丰富的暖光。选择暖色调的灯泡，或者选择内部是浓郁金色或黄色的灯罩，形成一个金色的光圈(参见26页)。

4 巧用串灯

如果你选择黄色灯泡，而不是亮白色灯泡，一连串闪烁的小灯会产生温馨的效果。把它们塞进一个大玻璃罐里，光芒漫射，或者把它们缠绕在没有点燃的壁炉周围，都可以给人以温暖的感觉。您还可以沿着橱柜或架子的顶部缠绕一些小串灯，它们也会在房间里散播星星点点的温暖。

5 优待你的脚

如果你的家中铺的是硬木地板、瓷砖或强化地板，当气温下降时，一块厚地毯可以帮你快速地提升温暖的感觉。选择你能找到的最柔软的地毯，把它们放在你可能赤脚与冰冷地面接触的地方，比如床或沙发旁边。选择最佳地毯的秘诀就是买一条你能承担的最大的地毯;一个常见的错误是选择一小块正方形的地毯，把它直接放在椅子前面。如果一张大地毯超出了你的预算(它们确实可能很贵)，那就用一些更小、更便宜的地毯拼凑成一张大地毯。把它铺在沙发或床的正下方，就能起到"固定"家具的效果，让房间看起来更大，还能极大地提升舒适感。

从丹麦人身上学到的十堂课

丹麦人通常被认为是世界上最幸福的民族，他们的"hygge"理念（意为：创造一种舒适的氛围）得到了广泛的认同。

然而，有趣的是，hygge（舒心）的概念来自一个同样以极简主义和洁净、简约以及单色室内设计而闻名的国家。那么，这两者是如何结合在一起的呢？其中是否蕴藏着打造舒适家居的关键呢？丹麦设计杂志编辑卡斯珀·艾凡森在我的邀请下做出一番解释。

"舒心"的秘密

"在舒心和北欧极简主义之间似乎存在着某种冲突，因为从表面看许多元素似乎是完全相反的。"卡斯珀表示，"前者关注的是舒适惬意，而极简主义是关于清除一切并非绝对必要的东西。"但他认为这两者之间有一条共同的主线，而这正是丹麦式生活的关键所在。

"舒心和极简主义都体现了保持事物简单状态的愿望。"他说，"极简主义是关于放弃你所不需要的东西，舒心一词讲的是从简单的快乐中享受生活。"所以，如果你在打造自己的家居环境时，把简单作为一项诉求，你将会逐渐明白是什么让丹麦人如此快乐。"不要把事情复杂化。"卡斯珀说，"不要让事情变得有压力。这就是丹麦式生活的秘密，也是'舒心'一词的秘密。"

下面是卡斯珀在家里营造一种简单的"舒心"氛围的有效办法。

选择天然织物

家中使用的织物应该是天然耐磨、朴实无华的，营造一种舒心的感觉。卡斯珀提醒我们，"要问自己一个关键的问题，'它会被洒出来的饮品毁掉吗？'"如果你担心昂贵的面料会受损，就将无法真正地放松自己，所以应选择可水洗的棉麻沙发套和扶手椅，并避免精致的丝绸和昂贵的天鹅绒，因为"这些材料真的不够舒心"。

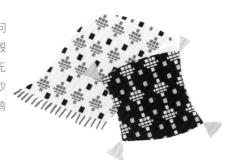

② 烹制简单的饭菜

"正餐从来不是一件舒心的事情。"卡斯珀说。我们的目的是营造出轻松、舒适的氛围，所以你完全不需要制作一顿让你感到焦虑的、复杂的或刻意的晚餐。烹制一些你以前做过很多次的简单的食物，把注意力集中在你的客人身上，而不是在厨房滚烫的炉子上忙活。

③ 打造舒适的照明

"你不希望灯光太亮。"卡斯珀说。因此，为了营造出一种宾至如归而又安全的感觉，你可以在家里使用一组暖色调的黄色光源，比如台灯或落地灯，并避免头顶上的灯光过于明亮。当然，烛光可以营造出终极的舒心。

④ 点亮一支蜡烛

舒心的程度与你点燃的蜡烛数量有关系吗？我向卡斯珀提出了这个问题，卡斯珀建议要适度。"无论如何，点上一两支蜡烛来营造气氛，但不要买30支蜡烛回来。"他说，"其实只需用你手头的东西，用你觉得舒服的量就足够了。"

⑤ 用烘焙来烘托

"舒心是一种感觉。"卡斯珀说道，所以你需要思考如何利用所有的感官来打造舒适的氛围，而嗅觉是其中非常重要的一项。"舒心的感觉就像是一块家庭烘焙的蛋糕。"他说，温暖舒适的香味，让人想起在室内度过的慵懒的午后时光。你想要那种舒适的怀旧感觉，那就用新鲜的面包或者香草蛋糕来增加这种舒适的感觉。

> "你需要思考如何利用所有的感官来打造舒适的氛围。"

⑥ 慢慢来

要想做到舒心是急不得的。"它讲的是如何放松。"卡斯珀说，"因此在你感到压力或是慌忙的时候是做不到舒心的。"不要为了迎合别人而给自己施加太大的压力，或是过于细致地准备什么。让事情简单化，给自己足够的时间放松，进入一种放松和成熟的心态。

⑦ 买一块好蛋糕

卡斯珀说："如果你邀请朋友来家里喝咖啡，就没有必要给你的客人买很多不同的零食。买一种你很喜欢吃的糕点，然后端上餐桌——简单就好。"

⑧ 使用木制品

"木制品让人感到舒心。"卡斯珀说。这是一种天然材料，所以它比玻璃或混凝土等硬边表面柔软得多，有助于在家里营造一种轻松、舒心的氛围。"这是一种朴实的材料。"卡斯珀说，所以使用木桌子，木餐椅，甚至木制配件，如烛台或木碗，都有助于打造一个温暖和温馨的家庭环境。

⑨ 关注友谊

花时间和你喜欢的、觉得舒服的人在一起是打造舒心感的核心要素。卡斯珀也很同意这个观点："舒心是只和让你感到放松的人一起做的事情。"所以与亲密的朋友或家人共同度过的夜晚是十分美好的。

但如果邀请某人是为了给他留下印象，就与打造舒心氛围截然相反，与让你感到焦虑的人待在一起也是如此。所以将关注力放在你的亲密朋友和家人，以及那些可以让你感到完全放松的人身上。

⑩ 接受不完美

卡斯珀说："太过努力地去做一件'完美'的事情是有压力的，会让人无法放松，所以它违背了舒心的概念。"不要试图创造别人会认为完美的东西；相反，让事情简单化，允许自己创造一个你自己喜欢的并且让你感到快乐的环境。卡斯珀说："'完美'的家是那种让你感到舒适的家。"所以，无论你是在餐桌旁吃一顿简单的饭菜，还是喝着咖啡与朋友聊聊天，都不要小题大做。即使你的餐盘不成套，或者饭菜没有按照你的计划做好，没关系，请接受它的不完美。

蜡烛、柴火和燃木火炉

带来的欢乐：

如何让你的家充满温暖

漆黑的冬夜里，熊熊燃烧的炉火对房间里的每一个人都充满了吸引力，一旦你燃起一团欢快的火焰，你就会发现，争夺靠近火炉座位的竞争很是激烈。甚至壁炉前的地毯也会被认为是舒展四肢，做白日梦的最佳位置。听着令人欣慰的噼啪声和篝火的低语，这便是最极致的舒适感了吧。

无论你的家中是否具有生明火的条件，有几种方法可以将闪烁的温暖感觉带入你的生活空间。

做法如下。

专注于火

摇曳的火苗和欢快的柴火噼啪声有种迷人的魅力，如果你很幸运地在客厅里有明火或燃木火炉，你绝对需要给予它足够的关注。把它清理干净，让它处于最好的运行状态，把它打造成你房间的核心要素。通常，电视是布置客厅时首先需要考虑的，是家具摆放的焦点。然而，要想设计出最舒适的房间，把电视放在一边吧，请把注意力集中到壁炉上，确保从房间里的每个可坐的位置都能看到火焰（并感受到温暖）。要保证炉火容易点燃，意味着保持炉膛清洁，煤气炉已就绪，柴火就摆在附近，所以只要空气中有一丝寒意，你就可以简单地点燃一根火柴，马上让火燃烧起来。

"跳动的火焰和欢快的柴火噼啪声，有种迷人的魅力。"

填满壁炉

如果你只有一个装饰性的、不具备实用功能的壁炉，你仍然可以用祈祷蜡烛装满壁炉来模仿真火的火焰跳动时的温暖，从而创造出令人愉悦的柴火效果。你还可以将空壁炉装满刚刚砍下的原木，用串灯缠绕其间，打造出灯光闪烁的焦点，给你的客厅带来一点柴火的温暖和芳香。

拓展

炉火也能给你家里的其他房间带来温暖和生气，可以在厨房、餐厅或浴室里放上一支欢快的蜡烛。在餐桌上摆放一个简单的烛台会给用餐增添气氛和舒适的暖意，而在浴室里放上几支装在玻璃罐里的蜡烛会让你在泡澡时有一种温泉疗养一样安全惬意的感觉。如果你担心发生火灾，把一根小蜡烛放在底部装满沙子或者水的玻璃罐里，就制成了安全蜡烛（蜡烛会浮在上面），蜡烛燃烧后会自动熄灭；但是，永远不要在没有人的房间里留下燃烧的蜡烛。

如何打造阅读角

给我一本好书，一把舒服的椅子，就能让我幸福。我对舒适完美的认知是一个专门用来读书的角落，堆着又厚又舒服的垫子，周围是一摞摞的书。如果你想在家里挤出一个专用的阅读空间，这里有四种方法帮助你创建自己的阅读角。

① 占据一个角落

你家里是否有一个安静的角落可以作为你的阅读角？选择一个安静的地方是关键，最好远离主客厅。空间不需要很大；最好的阅读角是舒适而温暖的，所以只要有足够的空间塞进一把椅子和一盏灯即可。可能被忽视的角落是走廊、平台、客卧和餐厅，所以发挥你的创意，用全新的眼光来审视你的家，找到那个完美的"角落"。

② 改造橱柜

这听起来可能有点不寻常，但橱柜确实可以成为一个理想的阅读角。如果你能清理走廊、卧室或游戏室的橱柜，你只需取下里面的隔板并打开柜门，就有了一个安全感极强的小房间。多铺几层舒适的地垫，安装优质、友好的照明设备，你就为孩子们创造了一个完美的阅读角落。或者，如果你有更多的时间和预算，想打造一个成人阅读角，请木匠在橱柜里增加一个抬高的座椅，并用又厚又软的垫子将其包裹，提高舒适度，你就可以在这里躲避日常生活的喧嚣。

③ 适度照明

为了创造一个完美舒适的角落，你需要避免在头顶使用强光照明，但是你也需要足够的光线来阅读，避免眼睛疲劳。壁挂式台灯非常适合放在橱柜的阅读角里，而落地灯可以在舒适的角落里发挥作用。对于儿童阅读角，除了使用专用的阅读灯之外，还可以尝试用串灯在天花板上点缀，营造一种像洞穴一样的神奇氛围。

④ 来自哈利·波特的启发

楼梯下方那种尴尬的三角形橱柜通常只是用来储存外套和鞋子，但它也可以成为一个完美的阅读角落。如果有立柱墙的话，把它移开，放入一把低矮的长椅或椅子，配备一盏台灯和一堆软垫就可以把这个空间从一个未充分利用的灰尘聚集地变成神奇的阅读角。利用空间最高的一端来安装座椅，然后用楔形的窄端巧妙地塞进几个书架——这样，你就能充分利用地面的每一块空间，打造一个对孩子和成年人同样有趣的藏身之处。

> "我对舒适完美的认知，是一个专门的阅读角，堆着又厚又舒服的垫子，周围是一摞摞的书。"

9

祝他人幸福

几年前，一位名叫陈一鸣的工程师研究了在工作中提高幸福感和情商的方法。他开发的程序"Search Inside Yourself"最初只是为了服务他的同事，但如今已经成为一个在全球范围内获得认可的项目。项目的核心是获得幸福，一个非常简单的秘诀。陈一鸣表示，提高自身幸福感的关键是富有同情心。换句话说，如果你希望别人快乐，你也会变得更快乐。

秘密已经揭晓

在很多方面，想要通过祝福其他人得到幸福来为自己寻找幸福似乎是违反直觉的行为，但我越想就越觉得有道理。我们可以在慷慨的行为中找到一种无私的快乐，并把注意力放在自己以外的事情上，为别人考虑，必然会对自己的快乐或满足水平产生涓滴效应。所以，祝福别人快乐，并慷慨地付出你的时间和爱，作为回报，你可以沐浴在他人幸福的光芒中。

由苏黎世大学经济学系的朴素英主持的一项独立科学研究也似乎支持这一观点。在测试慷慨和幸福之间联系的实验中，给两组志愿者一笔钱，其中一组被告知要用这笔钱款待自己，另一组被告知要用钱款待别人。那些把钱花在别人身上的人表现出更高层次的幸福感。

"把注意力放在自己以外的事情上，为别人考虑，必然会对自己的快乐或满足水平产生涓滴效应。"

心情助推器

然而，慷慨并不仅仅与金钱相关。有时候，与外出聚会和赠送礼物相比，一些小的善举和体贴的细节可以达到相同，甚至更好的效果。这里有八个方法来为他人的幸福考虑，并分享一点爱。

1 **给别人烹制他们最喜欢的食物**

花时间准备和烹饪别人最喜欢的食物将为你赢得一大笔印象分，也能传播一点快乐——我知道，如果有人主动为我做饭，我总是感激得不成样子。如果你是一个擅长烹饪的人，大范围地自由分享吧。

"我们可以在慷慨的行为中找到一种无私的快乐。"

2 **寄出感谢信**

收到手写的感谢信是一种乐趣，所以不妨在每个生日或圣诞节后，花点时间给朋友和家人写信。用些漂亮的信纸或卡片，在收到别人送你的礼物或为你做了好事之后尽快寄出去。特别要鼓励孩子们给年长的亲戚寄感谢信。

③ **邀请在当地没有亲戚的朋友来家里度过佳节**

如果你听说一个工作上的朋友或邻居将要独自度过假期或周末，邀请他们到家里来和你一起吃饭，或者让他们参与到你家的庆祝活动中来。如果他们在当地没有家人，可能会很高兴受到邀请去参加你的庆祝活动。不必对邀请他们感到害羞，如果他们想一个人待着，便会客气地拒绝，而主动发出邀请本身就是一种善举。

④ **替别人做点家务**

如果你注意到某个人这一周过得很糟，为他们做一两件家务，为他洒下一点幸福。我知道，如果有人提出为我做一周的吸尘和打扫，我一定欣喜若狂，所以说我保证这条建议是有效的。

⑤ **整理衣物，把所有不需要的东西都捐给慈善商店**

你有很久不穿的衣服、鞋子和包，彻底清理一番，然后把所有不需要的东西捐给慈善商店或旧货店（见40页）。让他人从一些你不再需要的东西中受益是一件容易的事，还可以给你带来一点满足感。

6 给别人烤个蛋糕

如果你可以做出很棒的柠檬蛋糕，而柠檬蛋糕是你室友的最爱，不要等到他的生日才做给他吃——在普通的工作日或者任何你认为需要一点刺激的时候，用它来制造一个惊喜吧。

> "每次注意到别人的优点时都要大声地说出来。"

7 赞美别人

花点时间关注你室友的新发型对你来说是一桩小事，但它可以让人信心大增，所以每次你注意到别人的优点时都要大声地说出来。养成积极发声和慷慨思维的习惯，无论你走到哪里，都会传播暖洋洋的幸福和自信。

8 与年长的亲属共度时光

如果你有独居的年长亲戚，邀请他们到家里吃晚饭，问问他们的近况，倾听他们的讲述。日常生活中的熙熙攘攘让我们很容易忽视和叔叔阿姨和祖父母在一起的时间，但他们与你有最亲密的连接，所以该花时间善待他们，尊重他们，你会从与他们的互动中收获许多。

人人都需要好邻居

在祝福他人幸福的道路上，还有比你的邻居更好的起点吗？我很幸运地生活在一个美好的村庄里，在那里，人们非常重视如何成为一个好邻居。我住的这条街布局特别紧凑，我可爱的邻居们都慷慨地对周围的人表示善意。他们在我外出工作的时候帮我照看房子，当我忘记把垃圾桶拿出来回收时帮我处理，如果我需要他们，他们总是能陪我聊上几句。如果你想创造一种类似的邻里精神，就要像对待自己的家人一样对待邻居，我保证，你会获得同样甚至更多的幸福感。这里有八种方法可以帮助你成为一个好邻居。

主动帮邻居修剪草坪

如果你住在有草坪相邻的排屋，修剪草坪时不妨主动修剪邻居的草坪。如果他们不太热衷于自己做这项工作，那一定会很高兴，甚至可能某天回报你的恩惠。但一定要事先确认，热衷园艺的人可能不会接受你的提议。

欢迎街区的新邻居

搬家是一种让人压力很大的经历，而且经常是由新邻居向街区的原有住户介绍自己，是一件有点伤脑筋的事情。给刚刚搬来的新邻居家里投递欢迎卡片，遇到时主动向他们问好，都可以让新邻居感到更轻松。

建立一个交换图书馆

我住的区域有一个闲置的电话亭被改造成了社区图书馆。它靠诚实制度运行，任何人都可以免费拿走一本书，然后留下一本他们不再需要的书。我非常喜欢这个点子，操作起来也很简单。如果你家附近的街道上没有这样一个明显的公共区域，可以把一个防风防雨的小书箱放进你的屋前花园，或者把美式的邮箱变成一个迷你借阅库。

"在祝福他人幸福的道路上，还有比你的邻居更好的起点吗？"

支持本地事件活动

如果你所在地区的学校、教堂或唱诗班举办夏季集市或圣诞话剧活动，尽量地参与、支持。

组织社区活动需要投入很多时间和精力，如果只有几个人参加，付出时间的活动组织者可能会感到有些灰心丧气。出席并参与这些活动是一种简单的善行，也是一种很好地向邻居展现你的支持的方式。也许你会在合唱活动中发现自己惊人的天赋呢。

手工制作卡片

当我还是个孩子的时候，我和我的姐妹们经常手工制作生日贺卡送给隔壁年长的邻居。有一年，我们的时间不够用了，所以送了她一张在商店购买的普通卡片。当我们再次见到她时，她对我们送给她那张卡片表示感谢，但特意表明她更喜欢我们之前送给她的那种歪歪扭扭、涂着胶水和闪粉的手工卡片。她甚至有一个专门的盒子，里面精心保存着我们为她做过的每一张卡片。从那以后，我们又开始每年为她做一张生日贺卡。如果你也有这样一位上了年纪的邻居，喜欢手工制作的贺卡，不妨自己动手，或者协助你的孩子做一张卡片。

邻居出门时，主动照看他们的家/宠物/植物

如果你的邻居计划在夏天度假，主动提出在他们出门时帮忙照看他们的家，会让人十分心安。这可能包括了取邮件，给他们的西红柿盆栽浇水或者给金鱼喂食，这种小小的善举可以让社区生活真正地繁荣。另外，等到你想出门度假时，心怀感激的邻居很可能也会为你这么做。

分享技能

你有什么秘密技能吗？也许你是一个编织能手，或者你是个班卓琴演奏达人？如果答案是肯定的，不要过于低调，把你的技能传授给愿意学习的邻居吧。这并不意味着你需要在窗口立上广告牌子，或者带上你的班卓琴挨家挨户地宣传。但如果有人对你的某个爱好表现出了兴趣，不妨主动教教他们，或者分享所需的材料。帮助他人开始学习新技能是一件非常友善的事情。

亲手赠送圣诞卡片（或饼干）

每年我都会到与我关系最亲密的邻居家门前，把圣诞卡片塞进去——以一种有趣的方式保持联系，我也喜欢收到回赠卡片。我还喜欢烘焙，所以我会在圣诞节前一周做一批节日姜饼，然后沿街挨家拜访。这样可能会见到久未谋面的邻居，饼干通常也看起来很受欢迎（也可能是邻居们太有礼貌了，所以没有拒绝我）。这件事简单易行，一想到伴随着姜饼，我会亲手传递出一点圣诞的欢乐，就感觉既开心又有节日气氛。

亲密关系

在家中，亲密关系创造的幸福感是必不可少的，花点时间去培养与家人、伴侣或室友的牢固关系也至关重要。哈佛成人发展研究会正在进行的一项重大研究项目，它对数百名男性进行了近80年的跟踪调查（研究始于1938年）。研究发现，亲密关系比金钱和名誉更重要，能够让人们幸福一生。与社会阶层、智商甚至基因相比，与他人保持密切的关系有助于延缓精神和身体的衰退，更有助于获得长寿和幸福的生活。以下是如何在家里建立你的人际关系。

设计一个适合谈话的客厅

以电视为中心设计客厅太容易了，我们很多人都会陷入这样做的陷阱。但如果你反过来想，以谈话为中心设计你的客厅，就更有可能将这个空间用于聊天和放松，而不是把看电视作为默认的选项。只需要在设计客厅时做一个简单的调整，比如把两个沙发摆放成可以互相看到的位置，而不要把两者都面对电视，或确保每一个家庭成员在客厅都里自己的专属空间，这样每个人都会觉得舒适自在，每天晚上都想在自己的位置待上一段时间，而不是径直消失在自己的房间里。

"亲密关系比金钱和名誉更重要，能够让人们幸福一生。"

坐在餐桌旁共进晚餐

坐在餐桌旁共进晚餐是一个保证每天至少真正讲一次话的好方法。所以，如果你家的餐桌容易聚集杂物，而你发现自己总是一边赶路一边吃饭，或者是坐在电视机前吃饭，不妨坚定立场，保持桌子干净以便你能得体地坐下进餐。如果你和伴侣或室友常常在晚上的不同时段外出，在一周中选择一个你们都可以待在家里的日子，把它变成一个固定的周例晚餐约会。

轮流选择周末活动

如果你的伴侣或室友热衷于园艺，但你更喜欢烘焙，不妨尝试了解一下他们的爱好，并轮流选择一个你们都会参与其中的傍晚或周末活动。你可能对植物扦插繁殖并没有特别的兴趣，但花费周末的时间做一些你知道对别人有意义的事情是一个建立关系的好方法。另外，你也可能发现自己对园艺、制作饼干、水彩绘画的隐藏兴趣——只有试过才知道。

分享音乐

每个人对音乐的品位都是不同的，与人和睦相处并不需要你与他人要有相同的音乐喜好。但是花一个晚上的时间分别介绍自己最喜欢的新（旧）音乐，学着欣赏你身边最亲近的人的品位，可以成为一段有趣的时光。当几代人参与其中时，这尤其可以成为一场热烈的辩论，但把时间花在了解你的伴侣、孩子或者室友喜欢哪种音乐上一定是很值得的。这个活动也非常适合在冬季的周日下午进行。

人类最好的朋友

除了照顾自己、照顾别人的自然延伸就是花时间去照顾宠物，许多医学研究已经显示出在家养宠物对疾病的治疗效果。如果你想养只狗或猫，但目前还没有能力实现——也许你住在租来的房子里，或者住在缺乏户外空间的城市公寓里——仍然有办法享受这些毛茸茸的伙伴带来的快乐和幸福。下面是具体的办法。

主动照顾邻居的宠物

如果你了解到邻居计划乘飞机远行度假，可以自告奋勇去照顾他们的宠物（见126页）。你会在做好事的同时，从照顾这些猫、狗或金鱼中受益。

> "许多医学研究已经显示出在家养宠物对疾病的治疗效果。"

"借养"宠物定期散步

如果你无法做出在家养宠物的承诺，有很多网站可以帮助你与当地的宠物主人取得联系，他们可能需要有人帮忙照顾他们的猫和狗。填写你的详细资料，方便与同城需要帮助的宠物主人信息匹配。这样在他们工作或者他们周末外出的时候，你可以"借养"他们的宠物。

代养宠物

动物避难所有时需要在动物找到新主人之前进行短时寄养。如果你想以这种方式帮忙，可以与距离最近的动物慈善机构联系，并询问申请流程。

10

在花园里发掘快乐

如果你曾经在一个炎热的夏日午后躺在斑驳的树荫下,听着附近的蜜蜂懒洋洋地嗡嗡叫,听着头顶的树叶沙沙作响,那么你一定乐于相信接触大自然有着让人更快乐、更健康的神奇力量。

尽管如此，如果想要设计并种植起自己的花园，并不是一件容易着手的事情。如果你从来没有用过铲子，也不擅长分辨多年生植物和一年生植物，更是难上加难。为了找到充分利用户外空间的方法，以及这么做背后的原因，我邀请到英国皇家园艺学会（RHS）科学与收藏部的总监——阿利斯泰尔·格里菲思教授——与我们分享一些观点。

"接触大自然有着让人更快乐，更健康的神奇力量。"

首先，园艺能为我们的健康和幸福带来什么好处？"我相信花园有能力改善我们的身体以及心理健康。"阿利斯泰尔说，"而且越来越多的科学证据也证明了这一点。不论是改善心理健康，降低心血管疾病的发病率和死亡率，降低罹患肥胖和Ⅱ型糖尿病的风险，还是改善妊娠结局，减少隔离。"

一个花园怎么会有如此强大的效果呢？这些健康方面的好处是因为花园提供了"心理上的放松和压力的释放，增加了身体活动、社会交往，减少了空气污染物、噪声和热度。"他解释道。

想要从中获得最大的好处，我们必须要有很大的户外空间吗？阿利斯泰尔的答案是：绝对不是。"其中的关键就是要到大自然中去，进行园艺活动——可以是加工盆栽，也可以在大花园中耕作。"

适合门外汉的三项园艺活动

准备好了吗？就算你从来没用过铲子，这里有三种方法可以让你快速开始工作。

1 **从小做起**

你不需要有几亩的土地也能成为一名园丁。事实上，从小做起往往更好，因为它给了你用不同的植物进行实验的自由，直到你发现一种适合自己的植物组合。"从盆栽植物或很小的一块地开始"，阿利斯泰尔建议，选择容易种植的植物，比如多年生球茎，它们每年都会从花盆中长出来。你做的实验越多，就会发现更多适合你所在地区气候的植物，你可以将这些植物作为你的花园的基础。"在成功而不是失败中进行积累。"阿利斯泰尔说道。

2 **打造一个香草花园**

香草是把自己变成园丁的最简单的方法之一，因为它们生长速度快，要求简单，种植的过程也十分有趣。无论你是在阳光充足的厨房窗台上种几盆香草，还是在厨房门外的花盆里种植，选择你在烹饪中喜欢使用的，香味也让你喜欢的香草。如果你把香草种在室外，让它们沿着小路排列，或者把它们摆放在靠近正门的位置，这样你每次离开外出的时候都可以轻轻擦过它们，释放出美好的香气。下面列出的香草都比较适合园艺新手：迷迭香、鼠尾草、细香葱、薄荷和罗勒。

"选择你在烹饪中喜欢使用以及有你喜欢的香味的香草。"

③ 种植你最喜欢的食物

"食物是让人们参与园艺的好方法。"阿利斯泰尔提出的这个观点我也赞同；没有什么比在盛夏采摘自己家的新鲜草莓更令人心满意足。家庭种植的食材往往比市面上买到的食材好吃，而当你把食材分享给朋友和家人时那种沾沾自喜的心情也是不言而喻。

在家种植水果和蔬菜的黄金法则是只种你爱吃的东西；这听起来很简单，但是很容易被遗忘。比如你可以养出一棵相当漂亮的红花菜豆，因为你喜欢那种精致的猩红色花朵和明亮的绿色豆荚，喜欢看它们爬上棚屋的花架，但如果你不是特别喜欢吃青豆，也不擅长制作青豆料理，那么这棵植物就被浪费了，你也很快就会对它失去热情。坚持种植你喜欢的水果和蔬菜，比如草莓、西红柿、柠檬，甚至青椒，你的收成将同时拥有美味和颜值。下面这些都是适合新手园丁的蔬果。

"在家种植水果和蔬菜的黄金法则是只种你爱吃的东西。"

新鲜的草莓

草莓可能是最容易种植的植物。初夏时买入一株小草莓——几乎所有的园艺中心都会出售草莓——把它装在花盆或者挂篮里，保持水分充足，然后等待夏末时收获草莓。邀请朋友来分享和展现你那不经意的姿态，"这些吗？是我随便种的。"

成熟的西红柿

同样，初夏的时候买一小棵西红柿，把它放入花盆或者种在一片温暖的土地里，到了夏末就会收获西红柿。或者如果你有一个温暖的窗台和足够的耐心，也可以自己种出免费的西红柿。从西红柿中间把种子挤出来，放入一盆堆肥中。只要稍加小心，再加上一点运气，它们就会发出小芽，长成小植物，然后变大，到了晚春时就可以将它们移栽到花园里。

"黄金"土豆

你知道吗，如果你把一个长芽的土豆放进一大包堆肥里，它就会从下面长出一株新的美味土豆！我认为这是一个很好的技巧，收获土豆时也适合让孩子们参与进来。因为拔出多叶的茎，露出藏在堆肥下面的"黄金"土豆实在是太有趣了。

……最后是给小园丁的一个建议

园艺确实需要耐心，所以如果你想让孩子们对园艺产生兴趣，关键是要选择一种生长快、吃起来有趣的植物。"试试培育种子的嫩芽，它们发芽非常快，很快就可以食用。"阿利斯泰尔给出了建议，"水芹毫无疑问是一种很适合的蔬菜。"取一个干净的空蛋壳，填满潮湿的棉絮。将水芹种子小心地撒在棉絮上，然后放在阳光下，等待你的水芹长出来吧！

如何打造"室外客厅"

我们现在已经确认树木是有益的，泥土是极好的，身处大自然中是一场心灵的慰藉。下面是把你的花园变成一个室外客厅的方法，让你可以好好享受漫长夏季中的日日夜夜。

把你的室内风格搬到室外

如果你想在花园里休闲、放松、社交，你需要像对待室内客厅一样规划花园，对户外装饰也要给予同样的照顾。这意味着需要考虑座椅、照明和装饰。把花园长椅换成几张柔软的沙发，配上结实的坐垫和毯子，安排一张矮桌方便放置饮料、零食和杂志，最后用灯笼、彩旗和超大的地板坐垫等装饰引入色彩、图案和个性的元素。

设置一些遮挡

不要让恶劣的天气影响你在室外的活动。为你的户外空间引入一些遮挡，比如帆布制作的雨棚或者藤架，它们可以充当暂时躲避的空间，这样无论晴雨，你都可以待在室外。听着雨点轻轻落在帆布顶上，躲在帆布下面的你干爽又舒适，没有什么比这更惬意了。

"如果你想在花园里休闲、放松、社交，你需要像对待室内客厅一样规划花园。"

来点灯光

挂上一串闪烁的小灯，或者购置几个室外灯笼，照亮你的室外空间。天黑以后，你的花园就会变成一个让人流连忘返的地方。为了增添柔和的光辉，将茶蜡放进玻璃罐或者使用太阳能串灯也是不错的选择。但不要让灯光过度；刺眼的眩光是不可取的，室外的光照过强实际上是对野生动物有害的。使用柔和、浪漫的灯光，打造轻柔舒缓的氛围。

在室外生火

噼啪作响的篝火令人愉快，傍晚时分围坐在周围十分惬意。而只要通风条件足够，即便是最紧凑的室外空间，也总是能容下一个小火坑或防风火炉。用烤叉扎上棉花糖，拿出装着香浓热可可的热气腾腾的杯子，邀请朋友和家人围绕着余烬分享故事，直到木头的烟气飘进了漆黑的夜色中。这肯定比在室内整晚看电视要好得多！这样做也会让你可以在秋季一直继续使用户外空间。

粉刷花园围栏、棚屋和外围建筑

大多数花园围栏和棚屋都用不同深浅的棕色粉刷，很少有其他的考虑。但现在我们要用对待室内墙壁和家具的心态处理边界墙和花园建筑。如果你能按照室内家居风格给围栏或棚屋粉刷成彩色，将有助于让你的花园焕发生机，也会把你的室内和室外空间编织在一起。为了帮助你选择最好的颜色，把花园围栏想成是你的植物的背景。深灰色可以让明亮的颜色突显，而浅灰或白色将会成为薰衣草、柑橘和橄榄等地中海植物的完美的衬托。

如何绿化户外花园和阳台

没法拥有几亩的户外花园？不要紧。那些最聪明、最有影响力的花园大多是小型的，由创意占据绝对中心的户外花园。另外，小花园更容易管理。如何充分利用你的户外花园或阳台的每一寸空间，在户外打造出一个迷你绿洲？下面是一些有用的建议。

打造绿墙

生长迅速的攀缘植物非常适合户外花园，因为他们可以爬上边界墙和栅栏，加强私密性的同时打造一处怡人的垂直绿化景观。竹子是适合阳台的一个好选择，因为它不需要墙进行攀爬，可以栽在槽里，靠着栏杆生长，长成一个柔和的绿色屏幕，在微风中轻轻地沙沙作响。

向上看

如果地面空间很宝贵，你需要将垂直空间的利用最大化。壁挂式花盆非常适合将花悬空种植——既可以是一个简单的吊篮，也可以是更复杂的"植物墙"。植物支架或小桌也可以将花盆举高，为你的户外空间打造出层次丰富的感觉，通过郁郁葱葱的包裹效果突出小花园的优点。

打造香味花园

如果户外花园的空间有限，还可以放大香气打造一个有冲击力的、美好的户外空间。"选择薰衣草以及茉莉和金银花等攀缘类的香味植物。"阿利斯泰尔给出了这样的建议，把户外空间变成一个感官的休养地。需要注意的是，不同的香味植物会在不同的时间释放香味，所以如果你打算经常在晚上使用这个空间的话，选择月见草等植物可以达到最好的效果。

建立一个小茶园

在小花园里，你选择的植物需要努力生长以赢得属于自己的空间。阿利斯泰尔建议在阳台上或者是窗台花箱里建一个小小的香草园，为你制作的新鲜茶饮供应香草和材料。薄荷、甘菊和香峰叶是适合新手的选择。

安排一棵树

是不是认为家里没有空间种一棵树？你一定会对答案感到惊喜。许多矮小或紧凑型的树都很适合城市露台，有些甚至可以种在一个大花盆里。我的小花园里有两棵矮苹果树，它们只有1.5米高，但它们可以在秋天结出正常尺寸的苹果，而且数量相当可观；春天会开出粉红色的花。在我的房前花园的一小块地里，我还种了一棵矮梨树，秋天它结出的果实数量惊人，春天它那美丽的纯白色的花飘落下来，柔软的花瓣散落一地。到本地植物苗圃可以获得有用的建议，有助于根据你家花园的位置和土壤类型，寻找到适合你的那种树。

加入绿色健身房 （免费!）

哈佛医学院的一项研究发现，30分钟剧烈的园艺活动所燃烧的热量相当于进行了同等时长的举重、慢跑或滑雪。如果你想在修剪花园的同时获得在花园里进行户外活动的好处，以下活动都能燃烧卡路里，帮助塑形。加入这个健身计划不收会员费哟！

良好（轻度燃烧卡路里）
- 种植幼苗或灌木
- 耙草坪
- 把草或树叶装袋

较佳（中度燃烧卡路里）
- 除草
- 植树
- 割草坪（用电动或汽油割草机）

最佳（打铁的热度）
- 劈柴
- 用推式割草机修剪草坪
- 挖土

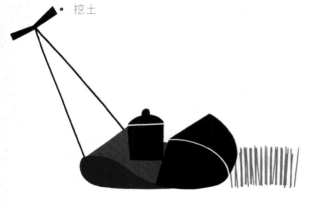

自然是最好的药

充满活力的园艺活动会燃烧卡路里，让血流加速，事实上坐在椅子上，看着花园中的绿色盎然也可以对健康产生积极的影响。20世纪80年代，一位名为罗杰·S.乌尔里希的科学家对在医院经历了手术的患者进行了康复实验，发现与只能看到一堵砖墙的病人相比，能够从窗口看到树的病人出院更快，并发症更少，需要的止痛药也更少。

到有野生动物的地方去

多为他人着想已被证明是一条通往幸福的捷径（见118–131页）。在户外做这件事的一个好方法是思考你愿意与谁分享你的花园。我指的不是朋友和家人；而是会在你的那片绿洲里住下的野生动物。

照顾野生动物能让我们快乐吗？

我回到英国皇家园艺学会，询问高级园艺顾问海伦·博斯托克，一个对野生动物友好的花园是否能成为幸福室外生活的钥匙。她认为答案是肯定的，主要有三个原因。

1 "首先是简单地享受自然。"海伦说，"每周在花园进行几个小时的户外活动就可以治好这一代人经受的'自然缺陷障碍'，听听画眉鸟的鸣叫，探索一小块草地里可以容纳多少昆虫。"

2 说到昆虫，野生花园也可以帮助预防害虫。"通过减少杀虫剂的使用，为瓢虫、草蜻蛉等昆虫提供越冬场所，你可以增加花园中天敌的数量，这就意味着害虫不会占上风。"

3 最后，通过在你的后花园创造一个野生动植物天堂，你可以为帮助蜜蜂和苍蝇等授粉昆虫尽一份力。它们是许多野花、花园植物、水果和蔬菜的传粉者。"你也能为青蛙和麻雀等在更广阔的乡村环境中过得不那么好的生物创造一个避难所。"海伦说。你这小小的花园可以作为"更开阔的绿地中重要的一块，使野生动物之间保持联系更容易"。

"所以，答案是肯定的，通过园艺活动与野生动物共享空间，园丁会收获各种各样的回报。"海伦总结道，"当然，对那些野生动物也是一样。"

来自海伦的小贴士——打造一个野生动物的天堂

- 让一小块草地长得很高
- 建一个小池塘或水景，确保野生动物能够轻松进出
- 建造一个原木堆
- 建造一个单独的蜜蜂旅馆或更精心设计的昆虫旅馆
- 种植树篱，在你和邻居家之间形成一个绿色走廊
- 做一个对授粉者友好的边界设计或盆栽植物陈列，在一年中的每个月都装满鲜花
- 放一个蝙蝠箱或鸟箱
- 确保花园内的照明不过于明亮，不会造成光污染
- 制作堆肥

拥抱一棵树

就我个人而言，我可以随时到森林或树林里散步；我甚至还曾被人看见抱着一棵树。但如果你需要一点鼓励才能到户外去，你可以考虑一个名为"森林浴"的奇妙概念。日本科学家对这种现象的研究已经持续了好几年，他们发现花时间在茂密阴凉的树冠下散步能对人身健康产生神奇的积极作用，有助于降低血压，增强免疫系统，降低压力水平。

尽管你可能无法在后花园种下一片森林，但在任何类型的自然环境中人都会收益，这一点是不容置疑的。所以马上到室外去，找一棵树，紧紧拥抱它吧。如果你找不到这样的树，那么自己种一棵也是不错的选择。

11

如何比你的智能手机更聪明

这本书的大部分内容讲的是用简单的乐趣重拾快乐：与朋友共度时光，在阳光明媚的日子里坐在扶手椅上品味一刻的安静，或者享受一夜好眠。在这个越来越被科技所驱动的时代，当我们拔掉网线，断开网络，在"现实世界"而不是虚拟世界中去欣赏生活中的日常小乐趣时，我们会找到很多快乐。

根据美国心理协会2017年进行的《美国压力调查》报告显示，社交媒体的使用量增加，以及不断查看手机的行为，导致美国人的疏离感越来越高，压力也越来越大。如果你觉得使用智能手机开始对你的幸福感产生负面影响，接下来的几页会告诉你如何重新掌握主动。

收回控制权

话虽这样说，我并不是在提倡回到科技发展前的时代。我的本意远非如此。网络世界充满了乐趣、创造力和娱乐性。我们比以往任何时候都更紧密地联系在一起，外面的世界能够被瞬间引入我们的家中。在线工具可以让我们的生活变得更轻松，生活在一个互联的世界里有很多好处。

然而，当电子产品的使用达到极端时，问题就会出现，那时我们的家不再是远离工作、学校和外界压力的避难所，因为我们会通过一直在线的手机、平板电脑和笔记本电脑将这些压力引入家里。对于儿童或青少年来说，这可能是一个特别值得关注的问题：他们本应该在舒适安全的家中放松自己，但却很难忽略社交媒体不断响起的提示音。然而，如果你能找到一种方法去拥抱科技带来的积极内容，并与你的线下世界保持平衡，你将会走上通往幸福的正确道路。

做自己的主人

不时回顾一下你使用的电子设备和社交媒体平台的方式是否可取，这样可以确保你在充分掌控使用方法的同时也充分利用这些资源。其中的关键是使用手机或平板电脑应该服务一些特定目的——阅读在线杂志、与朋友联系或随时了解新闻——而不是被其摆布。

小测验

| 是 | 否 | 你在家的时候会经常查看手机吗？ |

| 是 | 否 | 查看社交媒体账户会让你感到压力或焦虑吗？ |

| 是 | 否 | 你会把工作邮件发到手机上，并经常在家查看吗？ |

| 是 | 否 | 你的睡眠是否因使用手机而受到影响？ |

| 是 | 否 | 你是否曾经感到"疲惫但兴奋"？ |

如果你对这些问题中的任何一个回答是肯定的，请继续阅读，学习如何在充分利用科技的同时，让其与家庭生活的其他因素保持平衡。如果你对所有这些问题的答案都是否定的，那么恭喜你——你可以跳过下一节继续阅读。

五种方法 —— 如何比你的智能手机更聪明

管理你的应用程序

我的手机主页上曾经随意排列着很多应用程序，但一个朋友管理、归纳手机应用程序的方式让我觉得非常棒，并且立即采纳了她的方法。下面就是她的小窍门。

首先，问问自己一个应用程序是否有用，是否对你的生活或幸福有帮助——例如，它可以是一个健身追踪应用程序，一个冥想应用程序，你的音乐播放列表或一个家居装饰应用程序。把所有这些都排列在设备的首页上，方便使用。

接下来，把所有你认为有趣但使用频率一般的应用程序都放在第二页——这类应用程序可以是你的社交媒体账户、约会应用程序或新闻网站。

最后，任何有可能耗尽你的时间却不能给你的一天带来价值和积极性的应用程序（游戏、八卦网站等）都放到设备的最后一页上。最好还可以按文件夹分类。

这样，每次你查看手机时，就会首先看到所有实用、有益并能带来快乐的应用程序，你也不会轻易翻阅那些对你生活帮助不大的应用程序，也不会把时间浪费在无益的应用程序上。这个方法确实能帮助你了解哪些应用让你开心，哪些应用只起反作用。

更新你的通知设置

想要控制电子设备一个马上见效方法是在通知设置中关闭任何非必须的应用程序，比如社交媒体账户。这样，你就可以在需要时查看你的社交媒体应用程序或电子邮件，而不是在收到新邮件的那一秒就被召唤。如果你还想接收更新信息，就可以查看每个应用程序的设置——例如，通常你可以设置为每天只发送一次更新信息，所以不妨在设置时选定一个适合自己的时间和频率。

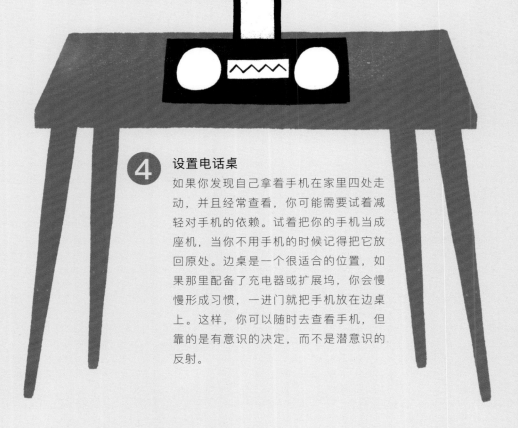

③ 不在办公室

在你"离线"的时间里——哪怕只是几个小时——在你包括工作邮箱和私人邮箱在内的所有电子邮件账户上设置一个"不在办公室"的通知。我们习惯了在休假一周时这样设置，但是每次你想在工作时间之外享受清净的时光，不妨也养成这个习惯。例如，如果你想留出一个晚上或周末参加家庭活动，就可以在你的电子邮件里设置一个"不在办公室"的通知，说你要到第二天早上才会查看邮件，并留下一个电话号码，以防万一。对于那些可能在家庭时间联系你的人，这样做划定出了清晰的界限，你的精神也不再紧绷，这样你就可以放松下来，享受你的休息时光。

④ 设置电话桌

如果你发现自己拿着手机在家里四处走动，并且经常查看，你可能需要试着减轻对手机的依赖。试着把你的手机当成座机，当你不用手机的时候记得把它放回原处。边桌是一个很适合的位置，如果那里配备了充电器或扩展坞，你会慢慢形成习惯，一进门就把手机放在边桌上。这样，你可以随时去查看手机，但靠的是有意识的决定，而不是潜意识的反射。

⑤ 增强睡眠

我们都知道不应该躺在床上看手机和平板电脑，但是事实上很多人还是会这样做。如果你想在就寝时间减少对手机的使用，下面有一些简单的步骤可以帮助你。

- 数码设备在夜间发出的过量蓝光会破坏你的睡眠规律（见55页）。如果你不能强迫自己把手机从卧室里拿出来，那就在晚上把屏幕调到夜间模式，以降低蓝光的强度

- 把你的智能手机当作闹钟意味着你早上做的第一件事情就是寻找手机，下一步就顺理成章地成了查看电子邮件和社交媒体账号，即使这时你还没起床。换一个老式的闹钟吧，睡前把你的手机放在远离床的位置。选择一个能让你开心的、有趣的闹钟，比如鸟鸣闹钟或者能够模仿日出轻轻唤醒你的日光闹钟

- 想把你的手机从剥夺你睡眠的东西变成能让你恢复睡眠的东西吗？下载一个睡眠应用程序，帮助你在晚上入睡。市面上有很多优质的睡眠应用程序，你可以设置播放舒缓的声音，或者读睡前故事伴你入睡。

大多数应用程序会在大概30分钟后自动关机，那时你很有可能已经熟睡了

- 想知道你每晚到底睡了多少觉吗？购买一款夜间佩戴的睡眠追踪手环，记录你的睡眠模式，并将信息下载到一个应用程序中，供你在第二天查看。它将告诉你夜间醒来的次数，并记录下睡眠不安稳的规律，这可能指示出一些需要你解决的问题，比如卧室过热或周围噪声太大

- 如果你在晚上难以控制脑子里杂乱的思绪和焦虑感，现在有许多非常好的冥想指导应用程序可以下载到你的手机上，帮助你在睡前清空头脑中的杂念

回收你闲暇的时间

你可能发现自己早上还没起床就漫无目的地在手机上浏览社交媒体，查看电子邮件。想要改掉这个习惯，不妨想一想，如果这段时间能够重来，你能收获些什么。与其花20分钟阅读电视真人秀明星的最新动态，你可以用这段时间来做下面的任何一件事。

早晨的20分钟

- 在你最喜欢的椅子上一边看书，一边悠闲地喝茶

- 当你逐渐清醒时，坐在户外感受阳光照在脸上

- 多花20分钟为出门做准备

- 收听播客或广播节目

- 到上班路上的咖啡馆喝杯咖啡，吃个羊角面包，而不是在家里匆匆吃一片吐司

- 再睡一会！享受美妙的睡眠

晚上的20分钟

- 和朋友打电话聊天

- 打理花园

- 收听指导冥想应用程序

- 读一本好书

- 快跑或是骑自行车

- 把时间花在你的爱好上

增加趣味

胡萝卜总比大棒更诱人，所以如果你想限制孩子每日接触电子产品的次数，将他们每次使用电子产品时间控制在你规定的限制范围内时，就用贴纸在表格上奖励他们——这样可以帮助他们朝着真正想要的方向努力（这种奖励机制也适用于成年人。）

好主意

想要减少你和家人在家上网的时间，转而在线下世界享受简单的快乐吗？这儿有一个好主意。

发送真邮件而不是电子邮件

为什么不重拾写信的乐趣呢？回到家发现了一封信或一个小包裹，一定是世上最让人快乐的小事之一。给朋友或亲戚寄出一封普通的信，或者选择一个你最近没见的朋友，然后给他们寄一个惊喜小包裹。这也是一个非常适合儿童参加的好活动。

以下是一些（小而轻）适合打上礼品包装邮寄的东西。

适合儿童：

- 贴纸
- 有活泼图案的袜子
- 漂亮的发夹
- 有趣的文具
- 纸飞机套装
- 小型纸牌游戏
- 小魔术道具
- 别针、徽章或胸针
- 魔术贴
- 钥匙环
- 一包快速生长的蔬菜种子
- 折纸包
- 葵花籽（用于向日葵生长比赛）
- 小型平装书

适合成年人：

- 热巧克力或高档茶包
- 柔软、色彩鲜艳的袜子
- 平装书
- 好看的笔记本
- 指甲油
- 一条美味的巧克力
- 彩色笔
- 润唇膏
- 一包花籽
- 袋装面膜
- 漂亮的明信片
- 小尺寸带相框的照片

参考书目和延伸阅读

美国心理学协会，《美国的压力:应对变化》，压力在美国™调查2017年，www.apa.org/news/press/releases/stress/2017/technology-social-media.PDF（2017年8月1日访问）

bloomon, www.bloomon.co.uk

H.R.卡拉瑟斯，J.莫里斯，N.塔里埃和P.J.霍维尔。"曼彻斯特色轮：一种识别颜色选择的新方法的开发及其在健康、焦虑和抑郁人群中的验证"，BMC医学研究方法论，2010, 10:12
（版权所有：©Carruthers等；2010年被许可人BioMed Central Ltd授权出版。本文由BioMed Central Ltd授权出版。这是一篇根据知识共享署名许可条款发布的开放访问文章（https://creativecommons.org/licenses/by/2.0/）允许在正确引用原作的前提下，不受限制地在所有媒体上使用、传播和复制。）

罗亚·多芬，www.rojadove.com

Farrow & Ball品牌，www.farrow-ball.com

香水基金会, fragrancefoundation.org.uk

M.哈默尔，E.斯塔玛塔基斯和A.斯特普托，《运动与心理健康之间的剂量-反应关系：苏格兰健康调查》，发表在《英国运动医学杂志》2009年，第43卷，1111-1114

哈佛医学院，"三种不同体重的人在30分钟内燃烧的卡路里"，www.health.harvard.edu/diet-and-weight-loss/calories-burned-in-30-minutes-of-leisure-and-routine-activities（2017年8月1日访问）

哈佛成人发展研究，www.adultdevelopmentstudy.org

J.哈维兰·琼斯，H. 黑尔罗·萨里奥，P.威尔逊和T.R.麦奎尔，《打造积极情绪的环境方法：花》，发表在《进化心理学》2005年第3卷，104-132

Neom Organics香薰品牌，www.neomorganics.com

S.Q.帕克等，《慷慨与幸福之间的神经联系》，发表在《自然通讯》，2017年，8月，第15964期

英国皇家园艺学会，www.rhs.org.uk

D.E.萨克斯比和R.L.雷佩蒂，"没有一个地方像家一样：家庭日常与日常的情绪模式和皮质醇的对应关系"，《个性与社会心理学公报》，2010年，第36卷，71-81

《硅谷最受欢迎的情商课》，siyli.org

英国睡眠协会，sleepcouncil.org.uk

英国睡眠协会床品购买指南，www.sleepcouncil.org.uk/wp-content/uploads/2016/11/BBG-website-view.pdf（2017年12月6日访问）

K.竹中和B.C.沃尔夫顿，《植物：为什么离开它们你无法生存》，新德里: Roli Books出版社，2010年

陈一鸣，《探索自己的内心：通往成功、幸福（以及世界和平）的意外之路》，纽约：HarperOne出版社，2012年

R.S.乌尔里希，"透过窗户看到的景色可能会影响手术后的恢复"，美国科学促进会，1984年，第224卷，第4647期，420-421

J.威尔士，《成功的气味：气味影响思想和行为》，www.livescience.com/14635-impression-smell-thoughts-behavior-flowers.html（2017年12月7日访问）

B.C.沃尔夫顿，《如何种出新鲜空气：50种能净化家或办公室的室内植物》，伦敦: Weidenfeld & Nicolson出版社，2008年

鸣谢

我想对octopus出版集团的团队表示衷心的感谢，感谢你们接纳我，把我思想的火花变成了现实；尤其感谢斯蒂芬妮·杰克逊从一开始就理解我的想法，并让我放手去做；感谢可爱的艾拉·帕森斯，感谢她冷静的编辑技巧和无尽的耐心；感谢才华横溢的朱丽叶·诺斯沃西发挥她的设计魔法，让我的想法得以变成一本美丽的宝石一样的小书。我也非常感谢柯蒂斯·布朗出版公司的凯瑟琳·萨默海耶斯让我接触到如此有才华的团队。

非常感谢各位科学家、研究人员和专家在百忙之中抽出时间，回答我的许多问题，也感谢他们对这个项目贡献出自己的知识和技能。特别感谢沃尔弗顿博士，竹中孝三郎，琼·斯塔德霍姆，丽莎·阿蒂斯，尼古拉·埃利奥特，罗亚·多芬，斯图尔特·芬维克，阿利斯泰尔·格里菲思博士，菲利斯·齐博士，卡斯珀·艾凡森以及海伦·博斯托克；没有你们的研究、才能和知识，这本书就不会存在，有机会深入了解你们的工作也是我的荣幸。

黛比·鲍威尔创作的美丽插图为这本书注入了生命力；感谢你每一幅明亮、快乐的小画。

最后，感谢我所有的朋友和家人忍受我不停地提到这本书，回答我无穷无尽的问题，在一次次深夜和周末加班让我感觉不堪重负的时候鼓励我，总体来说，感谢他们对我的支持。还要特别感谢夏洛特·达克沃斯和苏茜·艾沃特·詹姆斯，感谢她们一路上分享的知识、鼓励、友谊（和美酒）。

图片归属

Alamy Stock Photo图片公司 Andreas von Einsiedel 87页的右下图; Tony Giammarino 48、49页中的图片

Dreamstime图片公司 Pavel Yavnik 150页中的图片

Gap Interiors摄影公司 Bureaux/Greg Cox 11页中的图片; Bureaux/Warren Heath 8、9页中的图片; Colin Poole 96页中的图片; Dan Duchars 102页中的图片, 103页中的图片; House and Leisure/Photographer: Greg Cox — Styling: Jeanne Botes 58页中的图片; Mark Scott 140页的左上图; Nick Carter 101页中的图片

GAP Photos图片公司 Jerry Harpur/Design: Carol Valentine 75页的右下图; Joe Wainwright/Garden: Bluebell Cottage Gardens Designer: Sue Beesley 132、133页中的图片; Victoria Firmston 140页的右上图

Getty Images图片公司 Anna Cor-Zumbansen/EyeEm 148、149页中的图片; Carolyn Barber 76、77页中的图片; DAJ 62、63页中的图片; J. Parsons 131页中的图片; Merethe Svarstad Eeg/EyeEm 84页的右上图; Mint Images 84页中的右下图; Sanna Hedberg/FOAP 87页的右上; Sindre Ellingsen 75页的右上图; Westend61, 92、93页中的图片

iStockphoto图片公司 Antoninapotapenko 145页中的图片; elenaleonova 118、119页中的图片; eli_asenova 127页中的图片; fotiksonya 87页的左上图; martinwimmer 141页中的图片; Proformabooks 75页的左下图; vicnt 25页的左下图

living4media图片公司 Cornelia Weber 84页的左上图; Daniela Behr 140页的左下图; Marij Hessel 25页的右下图; Martina Schindler 69、75页的左上图; Tina Engel 120页中的图片; Visions B.V. 143页中的图片

Loupe Images图片公司 Catherine Gratwicke 83页的左下图;Catherine Gratwicke 83页的右下图; Christopher Drake 51页中的图片; Debi Treloar 21, 98页中的图片; Debi Treloar/Hans Blomquvist 83页的左上图; Debi Treloar/Selina Lake 6、25页的左上图, 83页的右上图, 106~108、139页中的图片; Emma Mitchell & James Gardiner 18、94页中的图片; Erin Kunkel 67页中的图片; Helen Cathcart 81页中的图片; James Gardiner 19页中的图片; Polly Wreford 2、29、33、87页的左下图; Rachel Whiting 25页的右上图, 56、117页中的图片

Narratives图片公司 © Brent Darby 36、37页中的图片; © Jan Baldwin 84页的左下图; © Polly Eltes 42页中的图片

Shutterstock图片公司 Daria Minaeva 79页中的图片; Photographee.eu 16、17、22、23页中的图片; Zastolskiy Victor 45页中的图片

©2019辽宁科学技术出版社
著作权合同登记号：第06-2019-20号。

图书在版编目（CIP）数据

幸福的家居术 ： 如何设计一个快乐又健康的家 /
（英）维多利亚·哈里森著 ； 张晨译. — 沈阳 ： 辽宁科
学技术出版社，2019.11
    ISBN 978-7-5591-1229-3

    Ⅰ. ①幸… Ⅱ. ①维… ②张… Ⅲ. ①住宅—室内装
饰设计 Ⅳ. ①TU241

中国版本图书馆CIP数据核字（2019）第133611号

出版发行：辽宁科学技术出版社
          （地址：沈阳市和平区十一纬路25号 邮编：110003）
印 刷 者：深圳市雅仕达印务有限公司
经 销 者：各地新华书店
幅面尺寸：165mm×200mm
印   张：6⅔
插   页：4
字   数：200千字
出版时间：2019年 11 月第 1 版
印刷时间：2019年 11 月第 1 次印刷
责任编辑：于 芳
封面设计：郭芷夷
版式设计：郭芷夷
责任校对：周 文

书   号：ISBN 978-7-5591-1229-3
定   价：68.00元

编辑电话：024-23280070
邮购热线：024-23284502
E-mail: editorariel@163.com
http://www.lnkj.com.cn